唐韵 水彩表现技法

写实风格，服装的局部结合中国写意画的表现方法。

褶裥 水粉表现技法

先用湿画法进行块面塑形，再用厚画法对受光面和局部细节进行刻画。

丰腴 彩色铅笔写实表现技法

采取排线法对人物进行深入写实，然后对人物和服装进行细节描绘。

小憩 铅笔淡彩表现技法

绘画前先将人物薄薄地涂刷一遍冷色，然后趁纸潮湿时对人物和服装衣褶进行绘制。

熊宝宝 钢笔淡彩表现技法

采取"先勾线、后上色"的绘画步骤，色彩宜淡不宜浓，不然会破坏线的表现力。

思 钢笔淡彩表现技法

背景做了淡彩渲染艺术处理，以突出人物。

魔 水粉表现技法

运用底色法，绘画时注意控制色彩的薄厚、干湿的技法运用，行笔避免拖泥带水。

舞动 毛笔勾线水彩技法

先用水彩进行色彩渲染，再结合毛笔勾线绘制完成。

回眸 毛笔勾线水彩技法

先以湿画法进行大面积渲染，再用毛笔勾线。

花裙子 水彩写实表现技法

运用图案技法，先用留白液遮住部分服装图案，再对服装整体施色，最后将留白液去掉后再画图案。

海风 油画棒结合水彩技法

先用白色油画棒画出服装图案，然后给服装上色，以湿画法画出服装造型，以形成色彩之间的相互渗透与交融。

我爱红装 粉笔写实表现技法

先用彩色粉笔铺色，然后结合擦笔、手指对色彩进行揉擦晕色。

饰 粉笔速写表现技法

表现时应线面结合，运用擦、揉、扫等方法，作画时应熟练、迅捷，勿拖泥带水。

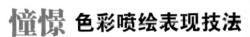

憧憬 色彩喷绘表现技法

先对画面进行大面积的喷绘，再用毛笔描绘人物的局部造型。

晚礼服 马克笔表现技法

先用浅色马克笔涂出色彩明暗调，切记马克笔不能涂改，所以不要画过了，否则很难收拾。注意保持马克笔干净透明、色彩亮丽的特点。

宁透勿露 透明服装质感表现

先画人体结构，然后再画薄纱服装，注意干湿技法的运用时机。

秀 绸缎服装质感表现

绘画时应特别注意湿画法的运用，色彩衔接要过渡自然，并注意控制水分和干、湿技法的运用。

俯视 皮革服装质感表现

绘画时注意皮革的衣纹形态、高光、反光的表现。

冷 皮革服装质感表现

表现步骤为"先薄后厚、先湿后干",明暗衔接要过渡自然。

冬日时尚 毛绒服装质感表现

裘皮质感时装画，先以湿画法进行色彩渲染，
再趁湿画出暗部的毛绒效果。

兽皮时代 毛绒服装质感表现

裘皮质感时装画，采取干湿结合的画法，以表现出皮毛的蓬松感与柔软感。

休闲时光 针织服装质感表现

运用水彩结合油画棒表现技法，先采取局部完成法，以湿画法先画出针织上衣的效果，再依次完成其他部分。

牛仔风情 牛仔服装质感表现

先运用水彩表现技法为牛仔裤上色后，再采取擦拭、小刀或硬物刮扫的手法，以表现牛仔裤石磨水洗的效果。

大都市 牛仔服装质感表现

披肩使用油画棒画出图案，再以水彩铺色画出衣纹，表现了牛仔裤的石磨水洗效果，并用湿画法添加了背景建筑物。

怀旧时尚 粗纺服装质感表现

采取"先湿后干"的表现技法，可运用中国画的"皴绘"技法，以表现出粗纺服装的表面粗糙感。

汽车时代 特殊材料服装质感表现

仿金属面料时装画，注意高光和反光的表现，特别是反光比较强，这一点也是仿金属面料所独有的特点。

黑珍珠 水彩写实表现技法

多采用"干湿结合"的画法，对人物和服装表现得比较深入细致。

夏凉 水粉夸张表现技法

人体表现比较夸张。基本上以水粉"干画法"绘制，结合勾线技法进行表现。

莫高窟的启示
水彩夸张表现技法

对人物进行了夸张、变形的表现手法，人物造型与色彩表现均受到敦煌莫高窟壁画的启发和影响。

花季 装饰风格的综合表现技法

综合运用水粉、水彩和彩色铅笔等表现手法。
画面突出了造型形象的装饰性元素的表现，如
图案、饰品、发式、妆容等。

变 水彩变形表现技法

将人物的颈部、腿部均做了夸张
变形的艺术处理。

魅 装饰风格的彩铅表现技法

装饰风格的时装画，人物的造型、技法表现
均突出了装饰性的表现元素。

名流 Celebrities 时装画手绘

表现技法 从入门到精通

王庆功 编著

清华大学出版社
北京

内 容 简 介

这是一部全面而系统地讲述时装画手绘技法的专著。本书紧紧围绕着时装画的四大核心内容进行编写,即时装画的"基础、技法、质感、风格"。

本书共分10章,由时装画的基础知识、人体结构与着装效果、时装画技法表现与应用、各种面料服装质感表现、时装画艺术风格等内容组成。在具体的技法实践学习中,作者根据几十年的教学实践经验,采用了"作画材料与工具+绘画案例实践+举一反三+课题训练"的思路,使学习变得更加简单、深入,思路更加开阔。最后,本书与其他时装画手绘技法图书不同的地方是设置了"时装画作品赏析"的内容,精选了国际上具有代表性的12位时尚画家的优秀作品,逐一分析点评,供大家学习鉴赏,提高时装画的鉴赏水平,进而在学习中少走弯路,以达到事半功倍的学习效果。

本书既可以作为高等院校服装设计专业的教材,也可以作为广大服装设计爱好者的学习参考用书。

图书在版编目 (CIP) 数据

名流——时装画手绘表现技法从入门到精通 / 王庆功 编著 . —北京:清华大学出版社,2017
ISBN 978-7-302-46498-3

Ⅰ.①名… Ⅱ.①王… Ⅲ.①时装—绘画技法 Ⅳ.① TS941.28

中国版本图书馆 CIP 数据核字 (2017) 第 025436 号

责任编辑:李 磊
封面设计:王 晨
责任校对:曹 阳
责任印制:杨 艳

出版发行:清华大学出版社
　　　　　网　　　址:http://www.tup.com.cn,http://www.wqbook.com
　　　　　地　　　址:北京清华大学学研大厦A座　　　　　邮　　编:100084
　　　　　社 总 机:010-62770175　　　　　邮　　购:010-62786544
　　　　　投稿与读者服务:010-62776969,c-service@tup.tsinghua.edu.cn
　　　　　质 量 反 馈:010-62772015,zhiliang@tup.tsinghua.edu.cn

印 装 者:北京亿浓世纪彩色印刷有限公司
经　　销:全国新华书店
开　　本:190mm×260mm　　印 张:12　　插 页:8　　字　 数:346千字
版　　次:2017年3月第1版　　　　　　　　　　　　　　印　　次:2017年3月第1次印刷
印　　数:1~3500
定　　价:59.80元

产品编号:072335-01

PREFACE
前　言

　　时装画是自 19 世纪前后所出现的一个新的画种，其伴随着现代服装的"百年时尚"应运而生，直至 20 世纪初时装画才迎来发展的鼎盛时期。

　　从国际现代服装的发展历程看，时装设计师与时装画家历来就是两个不同的职业，一个负责制造时尚，一个负责宣传时尚，二者在时尚领域分别承担着各自不同的社会角色。20 世纪 20 年代是时装画的鼎盛时期，时装画家的人数超过一万人，他们为世界各大时尚媒体和时装杂志提供时装画作品。在摄影技术尚不成熟之时，这些时装画家在传播服装时尚、倡导流行等方面发挥了重要的作用。时至今日，在国际时尚媒体传播领域，时尚插画与时尚摄影各自占据着半壁江山，虽然表面上看时尚摄影远远超出时装画的刊载数量，但时装画以其独特的时尚艺术魅力，具有某种不可替代性，一些时装画家也成为世界各大时尚媒体和世界各大著名时装公司趋之若鹜的追逐对象。

　　从中国服装历史发展的角度看，虽然自清朝晚期的"中学为体，西学为用"之时开始接触西方的服饰文化，民国时期在服饰上也引进了西方的服装样式，并在大中型城市广为应用，但在真正全面采取西方服装体系方面，还应从 20 世纪 80 年代的改革开放开始算起。经过 30 多年的发展，在服装设计方面已与国际领域全面接轨，虽然与国际水平还存在相当的差距，还没有国际顶尖的服装设计师出现，但是他们正努力走出国门，在国际服装设计领域展示中国服装设计师的风采，假以时日又有谁敢说在世界服装设计领域没有中国的世界顶尖著名服装设计师呢？然而，在国际时装画领域目前还没有中国时装画家的身影，究其原因问题有五个方面。一是基于中国还处于经济发展的初级阶段，30 多年的服装发展与世界现代时装的"百年时尚"相比，还只是发展的初级阶段。二是中国的服装产业发展也依然处于发展的低级阶段，服装产业依然处于低位运行，国际服装高端品牌中难觅中国服装品牌的身影。三是基于中国服装产业水平所限，又缺乏产业创新能力，对时装画的需求也相对较低。四是中国还没有专门从事时装画创作的专职画家群体，从事时装画创作的画家绝大部分是各大院校的教师，他们除了时装画的创作以外还有其他工作。五是社会对时装画家的认知度、认可度和包容度均不高，绘画专业领域很难认可时装画为艺术，时尚媒体也乐于转载国外的时装画作品，基于此时装画家很难以此为业与生存，中国还没有时装画家生存、发展的土壤。现在中国提出了"从中国制造到中国创造"的国家经济建设战略发展目标，对于中国的服装产业来讲，可谓"正中时弊"，想必随着中国服装产业的战略调整，必将会从低端走向高端，服装产业体系的运行将更加规范、更加国际化，时装画也会伴随着中国服装产业的发展走向规范、走向成熟。

　　对于有志于时装画创作的学习者来讲，需要系统规范地掌握时装画的基础知识与表现技法，夯实绘画基础，培养个性特点与风格，勤奋努力、笔耕不辍，其时装画创作之路才会走得顺畅、走得长远。

而对于有志于从事服装设计的年轻人和广大的服装设计师来讲，时装画技法是学习服装设计的入门基础，是服装设计师必备的专业素养，这一点也是由服装设计学科的自身特点和时装画技法的性质所决定的。其一，服装设计师的创作构思是一个循序渐进、逐步完善的过程，是一个从形象思维到视觉形象的设计转化过程，服装设计师在进行设计时必须将自己的设计思维形象转化为视觉形象，使头脑中的设计形象清晰起来，进而使形象思维转化为具体的视觉形象，这样的"手段"就是时装画或服装效果图。因此，时装画和服装效果图是服装设计的形象思维和视觉传达表现手段，是服装设计自身设计特点的需要。其二，时装画与服装效果图创作作为服装设计师的基础素养与技能，具有科学性、系统性和规范性，有着严格的学习目标。也就是通过学习应熟练地掌握时装画的各种表现技巧和表现方法，打通设计思维和设计视觉传达的通道，使设计思维畅通无阻，准确生动地表达自己的设计意图和视觉效果，真正做到得心应手、随心所欲。

因此，时装画与服装效果图创作是学习服装设计的开始，是服装设计专业的必修课，也是服装设计师必备的专业素养。

为了提高读者对时装画的原创能力，本书为手绘时装画技法教程，不涉及电脑绘制的时装画和服装效果图。本书紧紧围绕着时装画的四大核心内容进行编写，即时装画的"基础、技法、质感、风格"。因此，本书由时装画的基础知识、人体结构与着装效果、技法表现与应用、服装质感表现、艺术风格等章节组成。

本书在时装画的表现技法、服装质感表现等章节设置了"绘画案例"的环节，每一个技法表现示范案例均为作者亲自绘制，并设有绘画步骤图，方便广大读者掌握时装画各种表现技法的作画步骤、技法运用和表现技巧，以供读者学习参考。每个章节中均设置了"课题训练"的环节，以便读者有针对性地进行系统学习。

另外，在本书最后还设置了"时装画作品赏析"章节，精选了国际上具有代表性的12位时尚画家的优秀作品，并逐一进行了分析点评，以便大家学习鉴赏，提高时装画的鉴赏水平，进而在学习中少走弯路，达到事半功倍的学习效果。

本书由王庆功编著，另外李兴、刘晓宇、高思、王宁、杨宝容、杨诺、白洁、张乐鉴、张茫茫、赵晨、赵更生、马胜、陈薇等人也参与了部分编写工作。在写作过程中，作者力求严谨细致，为读者呈现最好的内容和效果，但书中难免有疏漏和不足之处，恳请广大读者朋友批评指正。我们的服务邮箱是 wkservice@vip.163.com，电话是 010-62784710。

编　者

CONTENTS 目　录

基　础　篇

技　法　篇

第 4 章　时装画常用表现技法　　34

第 5 章　时装画其他表现技法　　58

质 感 篇

风 格 篇

第 8 章　时装画风格　　　　121

第 9 章　时装画的形式与美感　　　　136

赏 析 篇

第 10 章　时装画作品赏析　　　　149

基础篇

　　时装画技法属服装设计基础实践的范畴，即通过绘画表现技法的训练，逐渐提高技法水平。然而，如果在学习中没有正确的理论知识作为支撑，就会使时装画的技法实践缺乏正确的方法，或偏离正确的学习方向。因此，时装画的学习应该首先掌握其基础理论和正确的学习方法，以达到事半功倍的学习效果，为时装画技法的学习实践奠定坚实的理论基础。时装画基础共分为两个部分的内容，即时装画基础知识和人体结构知识。

第1章
时装画的基础知识

学习时装画应首先掌握时装画的相关基础知识，以使我们了解时装画的历史发展脉络，以及时装画在整体服装时尚产业和服装设计中的地位、作用，并进一步明确学习目的。本章由服装绘画的表现形式、时装画的形成与发展等内容组成。

1.1 服装绘画的表现形式

　　服装绘画是指与服装密切相关的所有绘画形式，是以服装为表现对象和表现主体的绘画艺术表现形式，其目的是"表现服装"，即表现服装的设计效果、传达服装时尚理念、引导服装的审美理念、表现服装的款式结构和工艺特点等。时装画、服装效果图、时尚插画、款式图等均包括其中。由于服装绘画的各种表现形式既有区别，又有联系，并且在时装领域各自起着不同的作用。因此，有必要分别加以介绍和说明。

　　目前图书市场有关时装画、服装效果图的书籍很多，但很少对服装绘画的各个画种之间进行概念上的规范说明，容易造成概念上的混淆。因此，在此有必要对服装绘画的几种表现形式及其作用做如下归纳说明。

1.1.1 服装效果图

　　服装效果图之所以称之为"图"，其实已将其绘画形式进行了定性和规范。一般称之为"图"的绘画形式，基本上均以"视觉形象说明"为目的。例如建筑设计效果图、室内装修设计效果图、产品设计效果图等，均是在设计制作未完成之前的设计效果表现。服装效果图也是如此，**服装效果图是服装设计的基本手段**，是服装设计师用于创造构思、提供设计方案、展示服装设计效果的**重要表现手段**。服装效果图的绘画目的主要是展示服装设计效果、传达设计理念，而非画面的视觉艺术审美效果。只有在准确生动地表达设计者的设计意图的基础上，以艺术化的表现语言，展示服装效果图的艺术魅力。

　　一幅服装效果图，如果达到了技法纯熟、形象鲜活、画面生动的艺术境界，也就脱离了单纯的设计表现功能，具有了艺术欣赏价值，也可成为一幅具有艺术审美价值的绘画艺术作品。因此，我们就会看到一些知名的服装设计师，虽然他们的身份是服装设计师，而非职业的时装画画家，但是他们的服装效果图也进入了时装画的艺术审美范畴，如图 1-1 所示。

图 1-1

但是坦诚地讲，术业有专攻，能够达到职业时装画家绘画水平的服装设计师可谓凤毛麟角，我们所说的某位服装设计师的效果图画得很棒，也只是相对而言，是在服装设计师这一层面的比较而言，不能与时装画画家的专业水平相提并论。

1.1.2 时装画

时装画是早期时尚界对时装绘画的传统称谓，如今此称谓依然在沿用。

时装画是用于服装的广告宣传、时尚杂志以及网络时尚传媒的商业绘画作品。在欧美、日本以及中国的台湾、香港等地，专门从事时装画创作的画家，被称之为"时装画画家"。例如法国的埃代尔、芬尼·丹特，美国的默里斯、意大利的葳拉蒙蒂、英国的大卫·当顿、日本的矢岛功、中国台湾的萧本龙等，都是红极一时的或正活跃在时装画领域的职业时装画家。他们并不是服装设计师，而是以时装、人物为主要绘画题材的艺术家。他们大多为时尚媒体和时装公司进行时装画创作，达到传播时尚、引导服装审美的作用。

因此，时装画不等于服装效果图，二者的创作目的是完全不同的。从表现的形式、内容也各自有着不尽相同的要求。例如服装效果图如果是套装或系列服装设计，一般表现整体的人物形象，单件成衣可画半身像或仅画服装款式；而时装画可以表现人物的半身像或头像。服装效果图一般不表现场景，而时装画则不仅可以表现场景，甚至相关的道具在突出人物上也起着特殊的作用。这些表现形式的不同，说到底还是二者创作目的之间的差异。所以我们说一幅好的效果图可以是一幅优秀的时装画作品，但是时装画却不可能成为服装效果图作品。图1-2所示为时装画作品。

图 1-2

1.1.3 时尚插画

随着时尚产业的成熟与发展，如今从事时装画创作的画家又有了新的称谓，即"时尚画家"、"时尚插画家"。因此，**时尚插画是现代社会对时装画的称谓**，现在的时尚插画家也就是 20 世纪大家所熟知的时装画家。

20 世纪时尚产业刚刚形成之际，涌现了一大批从事服装绘画的画家，由于他们的绘画服务于服装产业，当时人们称他们为"时装画家"或"服装插画家"，他们的绘画作品也被称为"时装画"和"服装插画"。所以时尚插画就是过去的时装画、服装插画的现代称谓。如果说二者有什么区别的话，也就是传统与现代称谓上的不同，时尚插画更具商业时尚的味道，是现代时尚传媒的习惯性称谓。而在服装绘画领域则还习惯称其为时装画。过去所说的"时装画家"，现代时尚媒体也习惯称之为"时尚插画家"。

所以，时尚插画就是时尚插画家专为时尚媒体、时装公司和时装杂志进行创作的时装画作品，时尚插画即传统的时装插画和服装插画，是由于现代时尚的发展和现代传媒的变化产生的时装画与服装插画的新名词。

　　20 世纪初期，在摄影技术尚未成熟之前，曾经是时装插画的鼎盛时期，也因此成就了一大批时装画家。后来，随着摄影技术日趋成熟而被取而代之。现在的时装插画不仅出现在各大时装杂志中，也成为各大时尚网站趋之若鹜的视觉表现形式，如图 1-3 所示。

图 1-3

■ 1.1.4　服装绘画

　　从广义上讲，服装绘画包括以表现服装为目的的所有绘画形式，例如服装效果图、时装画、时尚插画、服装款式图、工艺图等。从狭义上讲，我们将那些艺术性较强、有一定艺术审美效果的绘画形式称之为服装绘画，如图 1-4 所示。

　　下面将服装绘画的几种绘画形式归纳如下。

　　服装绘画：所有以展示、宣传、设计、表现服装为目的的绘画表现形式都可称之为服装绘画。

　　时装画：以展示、宣传和表现服装为目的、具有一定艺术审美价值的服装绘画作品，称之为时装画作品。

　　时尚插画：一种用于时装杂志和现代传媒的时装画作品。由于从事时尚插画创作的均为专职的时尚插画家，一般其艺术审美价值比较高，具有一定的艺术表现力和感染力，是时装画的现代称谓。

　　服装效果图：服装设计师的设计表现手段，应用于服装设计的视觉表达方式，在服装设计的构思、表达设计意图、提供设计方案等阶段起着至关重要的作用。

　　服装设计款式图：一种说明服装造型、款式及服装工艺制作特点的服装绘画表现形式。一般要求严格按比例缩小绘制，将服装的款式特点、工艺制作特点交代清楚。

图 1-4

1.2 时装画的形成与发展

时装画是伴随着现代服装的产生与发展而产生的。在此之前，虽然宫廷的肖像画具有传播、宣传服装的部分元素和功能，但是与现代意义上的时装画在现代服装产业中的作用相差甚远。因此，时装画是在现代服装产业的需求中产生和发展的。

1.2.1 古典主义肖像画艺术的附加功能

时装画就其广告效应与传播功能而言，可以追溯到西方绘画早期的肖像画艺术。当时虽然没有"时装画"的概念，但是肖像画已经起到了传播、宣传服装的社会功能。

早在 18 世纪中期，西方的肖像画艺术流行于上层社会之间，也涌现了一批优秀的肖像画画家。其中包括鲁本斯、安格尔、华托，以及在此之前的伦勃朗、提香、委拉斯贵支等。他们都创作有优秀的肖像画作品，特别是安格尔和华托，被人们称为肖像画画家，尽管安格尔本人并不喜欢这个称呼。而华托则是专职的宫廷画家，其主要的创作就是为宫廷的达官贵人画像。这一时期，几乎所有的社会显贵（特别是贵妇人们），每做一款新衣裳，都会请一位画家来为自己画一幅肖像画，然后展示给亲朋好友。**肖像画有意无意之间成了展示服装、推动流行的早期"时装画"作品**。如图 1-5 所示为安格尔的肖像画作品。

而西方服装史上著名的"华托服"，正是华托为一位皇家贵妇所画的一幅肖像画中的主人公的服装样式而得名。在华托开始作画时，认为女主人的服装如做些改动会更美观，更加符合女主人的外貌和气质特点。在征得女主人同意后最终完成了作品。出乎意外的是，作品中女主人的服装随之便得到皇家贵族和上层社会女性的广泛赞誉，并纷纷效仿，随之风靡一时，于是此服装样式便以画家的名字命名。这也是早期的肖像画起到时装画传播功能的典型事例，如图 1-6 所示为华托服。

图 1-5

图 1-6

1.2.2　早期的时装画艺术

19世纪末至20世纪初，现代服装产业模式逐渐形成。由于当时科学技术的迅猛发展，服装的产业化、规模化逐步形成，人们在生活方式、审美需求等方面发生了根本性的变化，服装的现代风格开始形成，**女装之父——沃斯成为世界上第一位专业的服装设计师**，随之专职的服装设计师成为社会中一个新兴的、受人崇敬的职业。但是，由于当时的服装设计师的绘画水平普遍不高，阻碍了服装设计与时装画的发展。这一时期来自服装绘画的需求有三个方面：一是服装设计师需要在服装设计过程中进行视觉形象的表达，二是服装成品完成之前以服装效果图的方式来说明自己的设计意图，三是服装时尚传媒需要高水平的服装绘画作品来诠释、引导时尚。1864年，在美国诞生了世界上第一幅时装画广告绘画作品。1908年，法国女装设计师波埃特为了展示、宣传自己服装设计作品的需要，与职业画家伊瑞布合作完成了世界上第一本著作《女装设计时装画作品集》。此后一大批优秀的画家加入了时装画创作的领域，形成了专业的时装画画家团队，时装画的创作水平有了质的飞跃和提升。

20世纪20年代是时装画发展的"黄金时代"，这一时期欧美的时装画画家的从业人数超过一万人，其中美国纽约大约有6000人左右，法国巴黎大约有4000人左右，他们为世界上各大时尚媒体和时装杂志提供时装画作品。

20世纪初，由于摄影技术的出现，对时装画形成了冲击的态势，时装画与摄影技术处于一种竞争的状态，但此时摄影技术尚不成熟，对时装画还没有构成真正意义上的威胁。

20世纪30年代，随着摄影技术的日臻成熟与进一步发展，时装摄影的"真实感"、"复原感"征服了世界各大服装时尚媒体，时装绘画几乎完全被时装摄影所取代，时尚传媒大量地采用时装摄影作品，基本宣告了时装画家鼎盛时代的终结。如图1-7所示为早期时装画作品。

图 1-7

1.2.3 时装画的发展现状

随着时装画的盛世时代已成为过去，有人认为只有为数不多的时装画家依然坚守着时装绘画这块阵地，其作品偶尔出现在时装杂志中，只作为活跃版面的一种手段，保留着时装画家的一丝尊严。其实也不尽然，一方面摄影技术在时尚业的广泛应用，确实使时装画在时尚传媒的应用范围不如 20 世纪早期那么广泛，但这并不意味着当今世界范围内时装画总体水平的下降，如今在时装画领域有着出类拔萃的时尚画家，只是由于时尚业的发展，**时尚画家们赋予了时装画新的内容与形式**，展现了如今人们的现代时尚生活的时代气息，其中如大卫·当顿、乔治·洛帕普等时装画家均是活跃在世界时装画领域的佼佼者，时尚插画人才辈出，年青一代时尚插画家已经崭露头角，正在活跃于时尚画坛，并以多元的艺术表现方式诠释着当下的服装时尚。另一方面现代时尚媒体早已摆脱了对摄影技术的早期崇拜和依赖，进而体会到**时尚插画不可替代的艺术审美价值**，现代时尚传媒也早已对优秀的时尚插画作品趋之若鹜，对当红的时尚插画家求贤若渴。

而在服装设计领域，服装效果图作为服装设计中不可替代的重要手段，显示了其强大的艺术生命力，在现代服装设计中发挥着举足轻重的作用。随着服装设计师综合素养的提高，绘画艺术功力的进一步加强，一些优秀的服装效果图作品展示了其独特的艺术表现力和艺术感染力，与时装画作品一起成为优秀时装画作品，如图 1-8 所示。

图 1-8

第2章
人体与着装

　　学习时装画关键的一步就是对人体结构和动态的把握。很难想象一位没有人体结构知识的人，却能画出一手漂亮的、具有艺术感染力的时装画，能够将人物形象表现得准确而生动。因此，对人体结构知识的学习也是创作时装画的基础与前提。美国的安德鲁·路密斯在其著作《人体素描》中说："裸体画是所有人物画的基础，**没有人体结构形态知识，不可能画好着衣的或遮掩的人体……**没有经历这种探讨是对时间的可悲的浪费，道理正像不研究解剖学就想成为外科医生一样。"这段话是他长期艺术实践经验的总结，对时装画的学习具有一定的借鉴和指导意义。时装画也是人物画的一个分支，时装画对人体解剖学的研究，应从时装画的特点与实际出发，就时装画中的人体结构问题进行研究与学习。

　　本章主要有4个方面的内容，即人体比例、人体结构、人体动态和人体着装，将从时装画的角度对人体与着装方面的诸多问题进行探讨。

2.1 时装画人体表现

从某种角度讲，时装画属于人物画的一个分支，其主要表现对象是"人"，也就是"人的着装效果"，通过对人的着装效果的表现来达到传播时尚、诠释审美的目的。如果不懂人体比例、结构、运动变化关系，就无法画出正确的人体，也无法生动地表现出人的着装状态。因此，本节需要解决两个方面的问题。一是人体（比例、结构、动态），二是人体的着装效果。

2.1.1 写实的人体与变化的人体

从绘画艺术的角度讲，时装画属人物画的范畴。因此，对人体结构以及动态规律的把握就显得尤为重要，也是我们将时装画中的人物表现得鲜活生动、具有艺术感染力的基础。虽然时装画的夸张、变形风格，其视觉效果似乎看上去与"准确的人体"相去甚远，但是其夸张、变形的依据是建立在"写实"的基础之上的。例如，在绘画艺术领域中艺术大师毕加索的立体派人物绘画属抽象派绘画，但毕加索具有非常优秀的写实绘画功底，从其"蓝色时期"的绘画作品中就可见一斑；而在时装画艺术领域中世界顶尖的时装画家均有着深厚的艺术基础功力，如意大利的威拉蒙蒂、法国的芬妮·丹特、美国的肯尼斯等，他们的时装画作品之所以生动感人，也得益于其扎实的绘画基础功力，才能将时装画的人物表现得如此准确生动、鲜活感人。因此，**对时装画的人体知识的学习与掌握，应先求准确，后求夸张与变形。**

时装画的表现主体是服装，更确切地说表现人的着装状态与着装效果。在传播时尚理念的同时，也是服装设计师设计理念的前瞻性视觉艺术效果表现。"服装"一词之所以不同于"衣服"的词义，其原因就在于"衣服"是指服装闲置不用的状态，而"服装"中的"装"字的意思表示衣服穿在人体上的状态。这也就是我们说"服装效果图"，而不说"衣服效果图"的原因。因此，学习时装画的首要环节就是对人体结构和人体动态的把握能力，只有掌握了正确的人体结构和人体动态，并能准确、生动地加以表现，才能为时装画的进一步学习打下坚实的基础。

2.1.2 时装画的人体比例

由于时装画的审美规范的特点，时装画的人体比例与现实的人体比例有所不同。这种不同应该说也受到了整个时装行业的审美规范的制约与影响。在时装界选择时装模特的身高与三维均有较为严格的比例要求，虽然对时装模特的人体比例没有提出限制性的条件，但是一般时装模特的头身比例都能达到 $1:8.5$，甚至 $1:9$，这是最佳的头身比例。因此，**时装画中的人体比例属于特殊的、理想的人体比例，与现实的人体比例有着明显的差别。** 日本时装画家熊谷小次郎的作品人体比例就为 $1:8.5$ 头身，如图 2-1 所示。美国的史蒂文·斯蒂波曼的时装画的人体比例达到 $1:9$ 头身，而西班牙的阿图罗·埃琳娜的时尚插画的人体则达到 $1:11$ 以上的头身比例，如图 2-2 所示。

1. 现实人体比例与理想人体比例

在中国的艺用人体解剖学中，有"站七、坐五、蹲三半"的说法，这一口诀对我们快速地判断与把握人体在各种姿态下的准确比例关系是非常有效的。也就是说人站立时，人体的头身之比是 $1:7\sim1:7.5$、坐着的时候是 $1:5$、蹲着的时候是 $1:3.5$。但是这一比例关系仅适用于亚洲人种，而欧洲人种的头身之比是 1 ∶ 8 ～ 1 ∶ 8.5 左右，头小、身体比较长，这是欧洲人种现实的人体比例。

图 2-1

图 2-2

　　时装画采用的是理想的人体比例。时装画中理想的写实人体比例设定为 1 ∶ 8.5 头身。具体比例为头顶线——下颌线——乳点线——脐孔线——骶骨线——大腿中线——髌骨线——小腿中线——脚踝线——脚底线，其中脚踝线至脚底线为半个头长，如图 2-3 所示。

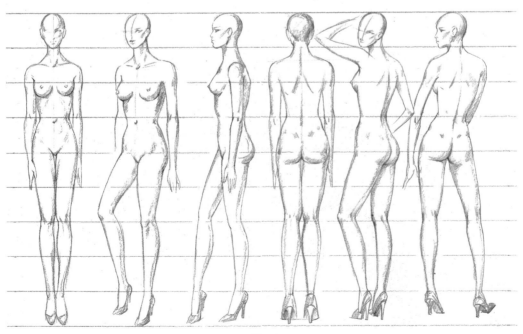

图 2-3

2. 时装画人体比例的夸张与变形

在时装画与服装效果图中，人体比例关系与现实中的人体比例关系不尽相同。由于服装效果图、时装画与纯美术之间的审美价值取向的差异性，以及其行业审美的规范性，人体比例比实际的人体比例要长，以满足人们对时装的心理审美需求，这也就是服装行业对模特身高标准的苛刻要求的社会心理因素。所以，时装画中的写实人体比例一般为 1 : 8.5 ～ 1 : 9、夸张人体比例一般为 1 : 9 ～ 1 : 12，甚至头身之比还可以进一步加大，只要没有变形的视觉效果，均属夸张的人体比例范畴。如果将人体进一步加长至 12 个头身以上，加之人体姿态与艺术表现技法的因素，就会产生变形的人体效果。

从时装画写实的人体比例关系可以看出，**夸张与变形的人体比例是人为化、艺术化的人体比例**，是将理想的人体比例进一步地再加长，加长的虽然是整个人体，但是其加长的量却不是人体的各部分的平均分配，加长量主要分布在人体的**颈部和小腿部位**，其他部分的基本比例变化不大。这样的比例变化看上去显得女性人体更加修长和窈窕，男性更加伟岸和健美，与现代人的审美需求相吻合。而变形的人体表现则不受以上规则的限制，其他部位也可进行加长或缩短的艺术处理。

3. 各年龄段的人体比例特征

时装画的表现对象，虽说以男女青年为主，但是从幼儿到老年人，各年龄段的人也均可作为时装画的表现对象。从服装的年龄分类上讲有襁褓服、童装、少年装、青年装、成人装、中老年服装等，反映出不同年龄段的服装特点。因此，在设计与表现中应了解和掌握各年龄段的人体比例关系，准确地表现设计对象。初学者经常犯的毛病之一就是将儿童画成了成人的比例，看上去儿童变成了"小大人"，失去了儿童天真烂漫、活泼可爱的天性。所以，掌握各年龄段的人体比例和结构是非常关键的，如图 2-4 所示。

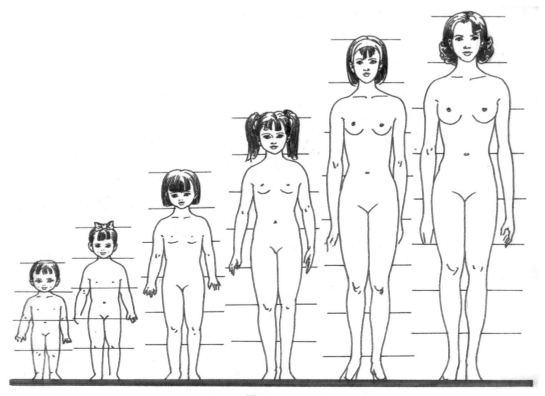

图 2-4

在这里需要特别指出的是,在表现了各年龄段的正确人体比例的同时,应加强对人物表情、性格、心理特征的深入刻画,注意人物的心理、表情特征要与服装的风格特点和谐一致,例如孩子的童真、稚气、活泼好动的天性,青年人的朝气蓬勃、青春活力,中年人的成熟稳健,老年人的老成持重等个性特征,都应深入地研究、分析并加以表现。关于这一问题,后面还要做更加详细的分析,这里就不再赘述了。

2.1.3 人体结构

从现代时装画对人体结构的表现效果上看,不外乎"写实"和"变化"两种形式。"写实"也不等同于纯绘画意义上的写实表现,而是按照当今时尚领域的审美趣味对人物形象进行写实化的表现。"变化"即可对人物形象进行夸张、变形、省略等艺术表现。

目前在各类时装画技法图书中很少对人体结构进行深入讲解,原因大概认为时装画不是纯绘画中的人物画,对人体结构没必要深入、全面掌握。诚然,时装画和服装效果图作为服装的设计手段和宣传手段,与纯绘画人物的表现方式与创作目的性上存在差异。通过对时尚插画家及其作品风格的归纳分析和长期的教学实践总结,我们有以下两个方面的思考:其一,大凡以夸张、变形为风格的优秀时尚画家,均有着较强的绘画写实功力,加之其对服装时尚的敏锐感受力,他们的夸张和变形才显得如此的味道十足、变化自如。其二,时装画的学习目标制定的高低,与学习效果之间亦存在着差异性。时装画的学习就像登山,你制定的目标越高就走得越远、登得越高,学习收获也就越大。相反,学习目标本来就制定得很低,再没有达到学习的目的,也就很难保证时装画学习的实际效果。正所谓**"取法其上,得乎其中;取法其中,得乎其下;取法其下,法不得也"**。

多年的时装画创作实践与教学实践证明,强化对人体结构的教学,使学生在时装画学习中把控人体结构的能力有明显的提高,也取得了比较明显的学习效果。因此,**对人体结构、动态的掌握最好能达到熟练地默画各种人体姿态的程度**,退而求其次,最低限度也要能够熟练地默画几种时装画人体常用姿态。纵观优秀的时装画家及其作品,凡是具有非凡的艺术表现力和艺术感染力的时装画画家,均体现出对人体结构、动态的深刻理解与表现。因此,《艺用解剖学》应该是《时装画技法》之外的学习和练习的必备书籍。

当然时装画的人体结构学习,也不会像艺用人体解剖课程学习得那样深入、全面,也应有重点、有选择地进行学习,将人体结构的教学重点放在与时装画的表现相关的部分。

时装画对人体结构的研究主要是了解和掌握人的骨骼与肌肉特征,以及骨骼和肌肉的结构特点所呈现出来的人体外部形态特征。

人的骨骼是用来支撑整个身体重量的系统,所以我们也把人的骨骼称为骨架。人体共有 600 多块肌肉和 206 块骨骼,骨骼和肌肉的长短、大小从某种程度上决定着人的形体形态特征。例如人体比例的长短、体形的大小、各个肢体的生长形态,通俗地讲就是人的高矮、胖瘦、美丑等。

人体分为头、躯干、上肢和下肢 4 个部分,各个部分的骨端以软骨、韧带和关节连接。

1. 头部

头部是时装画人物表现的重点,虽然时装画的人物表现很少强化表现人物的骨骼与肌肉特征,但是不强化并不说明没有表现,实际上以较少的线条来表现复杂的结构关系也就显得更加困难。因此,掌握头部的结构关系，并加以练习是十分必要的，如图2-5所示。另外，时装画的头部表现还应深入研究人物的面部表情特征，以适应各种服装风格的和谐表现。

(1) 头部的骨骼和肌肉

头部骨骼分为脑颅和面颅，影响其形态特征的骨骼有额骨、顶骨、枕骨、颞骨、鼻骨、颧骨、上颌骨、下颌骨等，熟悉和掌握其形态特征对于头部的表现是十分重要的。另外，这些骨骼有的形态凸出，外包的肌肉、皮肤较薄，因而形成"骨点"，例如额丘、眉弓、颧点、下颌角等。但对于较胖的人来说，一般情况这些骨点并不明显，甚至形成"凹点"，例如胖娃娃胖乎乎的小手，骨节处就形成了这种特征。而人们常常津津乐道的"酒窝"，则是由肌肉组织的相互穿插所形成的。

图 2-5

头部的肌肉分成表情肌和咀嚼肌。表情肌收缩时产生喜、怒、哀、乐等各种表情，其中包括额肌、眼轮匝肌、皱眉肌、鼻肌、上唇方肌、颧肌、口轮匝肌、三角肌、下唇方肌、颏肌、颊肌、笑肌等。脸的侧面是咀嚼肌，用来拉起下颌骨，起到嘴的张合、咀嚼的作用，其中包括颞肌和咬肌。

人的心理活动是十分复杂的，反映在人的面部则形成不同的表情特征，如图2-6所示。我们的先人将其归纳为七大类，即喜、怒、忧、思、悲、恐、惊，由此生发出丰富多变的面部表情。例如开怀大笑、眉开眼笑、笑嘻嘻、笑眯眯、微笑、窃笑、窃喜等，都属于"喜"的范畴。而得意扬扬、笑里藏刀、讥笑等则反映了人更为复杂的心理活动。因此，应深入地研究人的心理，表情是人心理活动的一面镜子，俗话说"眼睛是心灵的窗户"也正是这个道理。由此我们可以看出对表情肌的研究的重要性。

图 2-6

实际上，人的表情变化并不仅仅是表情肌的运动，咀嚼肌或多或少也参与着表情的变化，例如"开怀大笑"，如果没有咀嚼肌的运动，这一表情动作是无法完成的。所以，从面部肌肉的活动形成表情角度讲，将面部肌肉分成扩张肌和收缩肌，对于人物表情变化的认识则更有帮助。扩张肌是使人的嘴角、鼻子、下巴、脸颊向外、向上拉的肌群组织，进而形成快乐、喜悦、高兴的表情。收缩肌是使眉、眼、口、鼻向下、向内拉的肌群组织，形成惊恐、悲苦、愤怒等面部表情。所以，这里需特别强调的是肌肉的运动方式与表情变化的关系，认清肌肉运动方式的不同与人物表情的变化结果成正比。

以上人物头部骨骼与肌肉的知识，在时装画的表现中可能并不是表现的重点，我们看到的大多是对五官的重点刻画。殊不知时装画的头部形象出现问题，看上去别扭，往往是对人物头部结构的不理解造成的。因为五官与人的头部结构有着密切的关系。教学实践中发现正面的头部形象反映出的问题不是很明显，一旦头部变换了角度，结构和透视方面便反映出了问题，症结的根源就是对人物头部结构知识的缺乏造成的。

因此，下面就来探讨一下五官与头部结构的关系。

(2) 五官结构

人的五官是指眼、眉、鼻、口、耳。

眼包括眼眶、眼睑和眼球 3 个部分。眼眶由眶上缘和眶下缘围裹而成，是眼球的所在位置，外部由上眼睑和下眼睑所包裹，因为眼球是个球体，所以上、下眼睑形成一定的弧度，特别是上眼睑的活动范围比较大，弧度更加明显，**表现时应注意不要将眼睛画平，表现出眼部的形态特征**。由于上眼睑的眼睫毛比较长、比较密，以及光线所形成的阴影的原因，所以上眼睑比下眼睑表现上要浓重一些。另外，眼球是人体中唯一的晶体，表现时应表现出眼睛的晶莹剔透的质感特征。眼睛在五官的表现中非常重要，因为它是人的视觉系统，是传达人心理的重要器官，往往其他器官在掩盖了人的心理活动时，却通过眼神传递出来。所以，人们在日常生活中接触时也往往是先看对方的眼睛。

眉毛的表现有两点，一是眉毛的生长形态，二是眉毛的生长部位。内侧为眉头，位于眶上缘内角，外端为眉梢，位于眶上缘外角。因此，眉毛的表现上要注意内浓外淡，以及笔触的运用与眉毛生长方向的关系。解决好这两个问题是画好眉毛的关键。眼、眉的表现效果如图 2-7 所示。

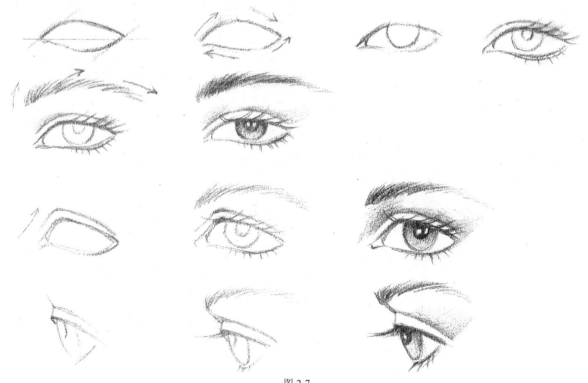

图 2-7

鼻子分为鼻根、鼻梁、鼻尖、鼻翼、鼻孔 5 个部分。**鼻子的表现有一定的难度，特别是用单线表现正面的鼻子时**，可参照的轮廓线只有鼻尖和鼻翼部分，鼻梁只有在侧面时才具有轮廓特征。另外，初学者往往不注意鼻孔的表现，将鼻孔画成两个黑洞，也就是平时我们常说的"不透气"，非常难看。鼻子的表现效果如图 2-8 所示。

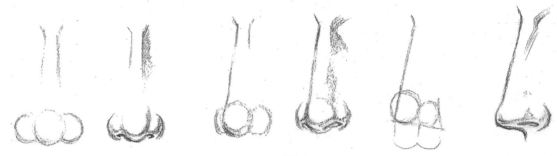

图 2-8

　　嘴的形态是由上、下颌骨的齿槽和牙齿部分围合成半个球体所决定的。由上唇、下唇、口缝和嘴角所组成。**嘴的表现应充分体现其柔软的质感和形态特征**，初学者往往对唇线非常感兴趣，将其描绘得细致入微，以为这样就会画出美丽生动的嘴，实际上在光的作用下和嘴的整体形态面前，唇线已经显得不那么重要了。绘画时应根据嘴的形态特征，注意对其球形面的整体把握，对口缝线、两个嘴角和上、下唇的曲面转折线部位的表现是十分重要的。另外，特别注意虚实关系的表现，多数情况下画不出嘴的弹性柔软的质感，是因为虚实关系处理不当或画得太实所致。在时装画的表现中，**由于化妆的效果有时比较强调唇线，但切忌将唇线画得太死板，要注意线条的变化，明暗过渡关系应柔缓，以体现出其弹性柔软的质感特点**，如图 2-9 所示。

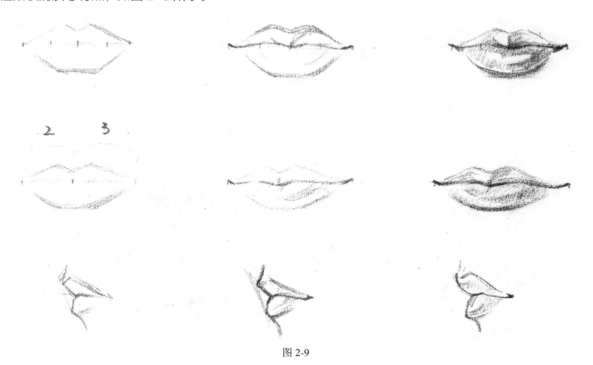

图 2-9

　　我们往往认为耳朵的描画不像其他五官部分那样重要，实际情况并非如此。我们之所以忽视耳朵的存在，是因为它在头部的侧面，如果我们画一个人的半侧面或全侧面，你还能忽视耳朵的存在吗？实际上就算表现人的正面，耳朵的表现也是不容忽视的。如果我们在纸上画一个椭圆，两侧画上耳朵，就感觉是一个人头部的"简写"。耳由耳廓、耳屏和耳垂 3 个部分组成，如图 2-10 所示。

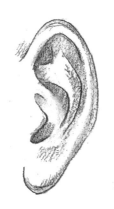

图 2-10

(3) 头部的比例关系

从人的相貌上讲，每个人都有自己的个性形象特征，所谓"千人千面"说的就是这个意思，世界上没有两个相貌完全一样的人，就算孪生兄弟、姐妹长得一模一样，也是相对而言。另外，除了个性特征之外，人的相貌也有其共性特征，所谓共性特征也就是在人的头部比例上寻求一个标准，以此鉴别人相貌上的个性特征。

这个标准的出处是古代的"相学"，后来应用于绘画的头部比例之中，这就是"三庭五眼"，即发际线——眉线、眉线——鼻底线、鼻底线——下颌线为纵向的三庭。五眼是头部的横向比例，人的头是 5 个眼的宽度，两眼之间是一个眼的宽度，两眼的两侧各是一个眼的宽度。耳朵的长度正好是眉线——鼻底线的长度。

需要特别指出的是时装画中的"三庭五眼"，其中"五眼"的比例关系需做适当的调整。由于时尚审美的原因，一般需要将眼的横向比例放大一些，两侧比例缩小一些，如此则更符合时尚行业的审美需求，如图 2-11 所示。

以上我们就头部的结构、肌肉运动与表情、头部的比例等问题进行了分析。总之，头部的结构特征是时装画学习必须掌握的，骨骼的位置和形态是固定不变的，而肌肉是具有弹性和韧性的组织，可以做伸缩运动，其运动的幅度和运动的方式以及由此引发的各种表情特征，值得我们进行深入细致研究。

2. 躯干

人体的躯干部分的结构非常复杂，虽然在时装画中躯干是常常被服装遮掩的部位，但是人的姿态变化常常与躯干的运动密切相关。不了解人体躯干的结构与运动特征，就很难表现出人体的运动姿态。

躯干是人体的主体部分，包括颈、胸、腹、背、腰。其中颈是连接头与胸廓的部分，腰是连接胸廓与臀部的形体部分，两者都是能够活动的形体部分，例如回头、

图 2-11

扭身等动作。而头与胸是自身不能活动的部位，他们的活动依赖于颈和腰的运动。

　　躯干的骨骼主要由脊柱和胸廓构成。脊柱起到支撑头部和胸腔的作用，脊柱运动时，使躯干产生弯曲、伸缩、侧弯、扭转等动作。胸廓是由胸骨、12 根肋骨、肋软骨与 12 个胸椎相连接而成，锁骨的内端内侧与胸骨上方外侧相连接，锁骨的外端与肩胛骨相接于胸廓的后面。整个胸廓形成一个横宽、扁圆、略带锥形的形体，如图 2-12 所示。

　　躯干的肌肉属于扁平的阔肌，连接于骨骼，肌肉做伸屈运动时，使人体产生各种动作，主要由颈肌、胸肌、腹肌、背肌所组成。

　　颈肌在外形上比较明显的是胸锁乳突肌，使人的头部产生运动。另外，位于侧后方的斜方肌对颈部的外形也有一定的影响，在表现时最容易产生错误，应特别引起注意。胸部有胸大肌和前锯肌，腹部有腹直肌和腹外斜肌，背部有斜方肌和背阔肌，如图 2-13 所示。

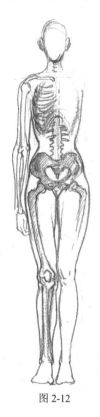

图 2-12

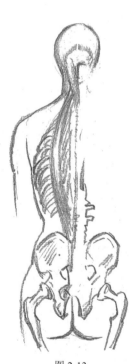

图 2-13

3. 下肢与足部

　　腿部是时装画人物表现的重点部位，尤其是夏季服装表现中人体暴露的部位较多，短裙、短裤、泳装等均使腿部露于外。

　　下肢由髋部、大腿、小腿和足部所组成，如图 2-14 所示。下肢支撑着整个身体的重量，在人体的动态中占有举足轻重的地位。

　　髋部的骨骼是由髂骨、耻骨、坐骨组合而成。髋骨与脊柱的骶骨和尾骨相接，构成骨盆。髋部的肌肉包括臀中肌、臀大肌、阔筋膜张肌等。**人体做转体运动时，胸廓与髋部的扭转幅度关系是表现人体运动的关键**，这也是时装画人体运动表现的重点和难点部分。

大腿的骨骼是股骨，股骨是人体中最大、最长、最重的骨骼，上端球状的股骨头与髋骨的髋臼结合成髋关节，也就是我们俗称的"大转子"。大转子是人体运动的重要部位，也是表现和检验人体比例、人体动态的关键部位。大腿的肌肉前侧有缝匠肌、股四头肌，后侧有股二头肌、半腱肌、半膜肌，内侧是内侧肌群。

小腿由两根骨骼组成，即胫骨和腓骨。胫骨比较粗大，腓骨比较细小。胫骨上端与股骨下端构成膝关节，髌骨位于膝关节的前端。小腿的肌肉有前群、后群、外侧群。前群是伸肌，有胫骨前肌、拇长伸肌、趾长伸肌。后群为小腿的屈肌群，主要有腓肠肌和比目鱼肌。

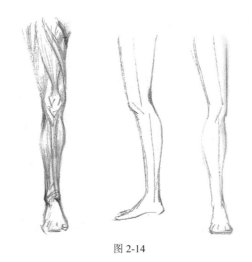

图 2-14

足部的骨骼为足后部的跗骨、足中部的跖骨和足前部的趾骨。跗骨由 7 块骨骼组成，其中有距骨、跟骨、舟骨、骰骨和三块楔骨。跖骨有 5 块，在足的中间部位，其中第二跖骨最高，第五跖骨外侧较突出，形成足中部的形态特点。趾骨共 14 块，其中拇趾为两节，其他四趾为三节。足部的肌肉均为短肌，厚重坚实、筋膜有力，以适应支撑身体重量和运动时保持良好的平衡能力。

4. 上肢与手

上肢是人体中活动最频繁、运用最灵活的部位，这也是人类长期进化的结果。因此，上肢的关节比较多，其运动的幅度也比较大，可做向多种方向的伸屈、回转以及前后运动，如图 2-15 所示。由于生活中人们着夏装时上肢经常暴露在外，上肢也是时装画中表现得比较多的部位之一。特别是手部，无论是春、夏、秋、冬装，一般情况下都不遮蔽手部，而**手部的结构又比较复杂**，是人体中关节最多的部位之一。俗话说**"画人难画手"**，手在人物画中又被称为"第二表情"，在某种情况下，虽然面部可以掩饰人的心理活动，却可以通过人的手的动态传达出来。因此，画好手是画好上肢乃至画好整个人物的关键。

图 2-15

上肢由肩带、上臂、前臂和手组成。主要骨骼有锁骨、肩胛骨、上臂的肱骨、前臂的尺骨和桡骨、手掌的掌骨和指骨、前臂与掌骨连接部位的腕骨等。其中前臂的尺骨和桡骨有"内尺外桡"之说，即手臂自然下垂，手心向外，位于身体外侧的是桡骨，位于身体内侧的是尺骨。上肢的肌肉是长梭状运动肌肉，运动时其形状变化比较大，主要有肱二头肌、肱三头肌、肱桡肌、桡侧腕屈肌、尺侧腕屈肌、三角肌、肘肌、桡侧腕长伸肌、桡侧腕伸短肌、尺侧腕伸肌、指浅屈肌、指总伸肌、拇长展肌、小指固有伸肌等。手的肌肉主要分布在掌的侧面，有拇指侧肌群和小指侧肌群。手掌的形状呈五边形，前端长出四个手指，侧面是大拇指，构成手的基本型。画手时注意不要将手部画得很僵直，要表现出手的曲面型、手的骨关节和肌肉的特点，同时注意手的姿态。初学者应多练习画手的各种姿态的速写，在练习中体验手的结构和动态特点。

以上我们就时装画中的人体结构问题，有针对性地进行了分析和讲解，不可能像解剖学那样展开来谈得更加深入，大家可根据自己的情况，结合人体解剖学的专业书籍，更加深入地、有针对性地进行研习，也可以结合写生进行练习。下面我们谈谈时装画中关于人体动态的问题。

2.1.4 人体的动态特征

在我们的日常生活中，人们从事着各种社会活动，无论从事任何社会活动都与运动有关。而一些职业化、社会规范化的行为动作，还形成了特定的、固有的动作模式。例如从事某一项体育项目（体操、游泳、跳水、足球、篮球等）的运动员、生产流水线上工作的工人、司机、高级宾馆的门童等。服装设计的范围涉及了社会各行各业、各类人群的着装，因此时装画在人物表现中，应从实际需要出发，深入研究人们的社会着装心理和行为动态，以准确地表现服装品类、风格与人的动态、表情的和谐统一。

在时装画的人体姿态表现中，**有几种常用的人体姿态应熟练掌握，达到默画的程度。**这几种姿态的视觉角度为正面、半侧面、全侧面和背面，姿态变化为单腿支撑、双腿支撑、单臂叉腰、单臂上扬等，每一种姿态的变化都会使人体中轴动态线、肩线、臀线、腰线发生倾斜与曲直的变化，如图 2-16 所示。

图 2-16

1. 人体的各部位形体的连接关系和动态关系

头部、胸廓、臀部是人体中三个相对静止的、自身无法运动的形体，其运动依赖于颈、腰、腿的运动来完成的。头的转动、低头、抬头的动作是颈部运动的结果，而转身、俯身、后仰则是腰部的肌肉运动，腿部的扭转也可以使上身改变方向。所以，人体的各个部位是一个相互连接的整体，人体的每一个局部的动作都可以引起其他部位动作的连带关系。这种连带关系使人体在动态上成为一个和谐统一的整体，也是表现人体美感的要素之一。教学实践证明，这部分也是时装画课程学习的重点和难点，应下大力气加以解决。

以下提供解决此问题的几个关键点，以供参考。

(1) 人体的运动幅度

人体的运动是受到人体结构特点的制约的，因此人体的运动幅度会受到一定的限制。例如人的胸廓不动时，头的转动的最大幅度则是侧后方，如果要看人体后面的事物，胸廓必须侧转。其他部位像手臂、腿部、躯干等都有运动幅度的问题。在准确掌握人体结构的基础上，应充分掌握和理解人体运动及运动幅度的局限性，这一点是解决好人体动态的关键。实际上任何错误的出现都是思想意识的问题，观念的问题解决了，认识提高了，问题也就迎刃而解了。

(2) 人体运动的重心和支撑面

人体的重心是指人体重力垂直向下指向地心的点，是承载人体重量的集中点。人处于静态时，重心点在脐孔稍下。动作比较大时，重心点随着人体运动的姿态发生改变。支撑面是支撑人体重量的面，由重心向下垂直于地面的线叫重心线，由重心线指向地面的点，应落在人的一条腿上或两腿之间，不然人体会重心不稳，使人产生人体会随时倒地的感觉。但是，激烈运动中的人体重心在人体之外，不然人体的动作反而给人运动感不强的感觉。

(3) 动态的协调性

人体最优美的动态是身体各部位相谐运动的"瞬间"，表现人体各部位的整体和谐性，是能否表现出人体运动合理性的关键。

(4) 人体动态的透视关系

人体运动时，由于视觉角度、运动姿态、各身体部位的距离的关系，会发生一定的透视关系。例如人行走时，总是一条腿在前、一条腿在后，当左腿向前时、右臂则向后，反之则相同。前腿和后腿一直一曲，后退和弯曲的腿就会发生一定的透视关系。手臂也是如此。

2. 人体动态的基本规律与表现方法

人的运动千姿百态、变化无穷，但是还是有一定规律可循。除了我们以上提到的一些掌握人体运动的方法外，我们还可以将人体的各部位的动态关系概括性地进行分析与表现，以帮助我们理解。我们将其概括为"一竖、二横、三体积、四肢"。

"一竖"是指人体的脊柱线。脊柱线是人体的主要动态线，它的变化决定了人体各部位的位置，并使其相互协调，使人体富于韵律与节奏的变化。脊柱线在人体直立静态时，从前、后观看是一根垂直线，从侧面看呈弯曲状的波线。而做各种运动时，其可做向多种角度的弯曲变化。只要我们在表现人体动态时掌握脊柱线的动态特征，就能把握人体姿态变化的基本特征。

"二横"是指两肩的连线和两根股骨的上端"大转子"之间的连线。这两条连线的线端正好是四肢的连接点，找出其所在的位置，不仅能使四肢与躯干部位连接准确，而且还能准确地判断出躯干的扭转方向，从而画出正确的人体姿态。

"三体积"是指头部、胸廓和骨盆。前面我们提及了颈部和腰部在"三体积"的运动中所起到的重要作用，这里就不再赘述了。表现时要须注意头、胸廓、臀三者的动态、方向以及节奏的变化关系。

"四肢"即上肢和下肢。四肢是人体中活动最频繁、活动幅度最大，同时也最灵活的部位。因此，四肢 (包括头部) 可以在躯干和臀部不动的情况下，向各种方向伸展、扭转。四肢还是最能体现人体"情感动态"的部位，人的情绪除了人的面部表情之外，四肢和手是表达人心理活动的敏感的部位，如图2-17所示。

3. 男女人体比例、结构、动态的差异性

　　男女由于生理特征、社会角色等方面的差异，在体形结构、人体比例、运动姿态等方面均有所不同，如图 2-18 所示。

图 2-17

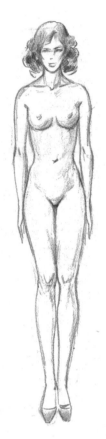

图 2-18

　　首先从体形结构上看男性体格健壮、肌肉相对女性发达、宽肩窄臀，身材一般高于女性。女性则身材相对娇小、皮下脂肪较多、肌肉特征不明显、削肩肥臀，一般身高低于男性。但在时装画的男女体形表现中有其特殊性。男性不特别强调健壮、肌肉发达的体形特点，而是表现出男性体形的偏瘦、健美、帅气的审美特点。女性也并不强调削肩肥臀的体形特征，而是肩部略宽、臀部变窄、肩宽与臀宽接近的体形特征。此变化也是受时尚行业审美规范的影响。

　　从人物动态上看男女也具有明显的差异。从传统意义上讲女性具有婀娜多姿、舒缓柔美的姿态特征，而男性则具有阳刚、健美的动态特征。当然，现代社会化审美也呈现多元化的发展趋向，小资男人也追求柔美，野蛮女友也追求刚烈。这里有一个传统与现代审美的碰撞问题，因此应根据服装的风格特点具体地分析应用。

　　男女形体结构特征的差别是显而易见的，然而男女人体比例上的差异往往却容易被人忽视。因此，在实践中有时尽管我们注意了男女体形差异性的表现，但看上去还是不能令人满意，多数情况下是比例的问题。

　　这里需要指出两个问题。一是男女身高的差异，当男女同时出现在一幅时装画中的时候，男性要高于女性，男性头身之比加大，女性缩小。二是男女的"宽度比例"。从男女体形上看，男性肌肉比较发达，

宽肩、窄臀、颈部比女性粗。而女性则相反，窄肩、宽臀、颈部较细。从比例的角度讲，这一体形特征就构成了男女宽度比例的差异。为了适应人们在时装画中的审美习惯和审美需要，尽管我们将男女宽度比例的差异缩到尽可能最小的程度，但是男女宽度比例的差别还是显而易见的。

男：肩宽两个头长，臀宽一个半头长，颈部较粗。

女：肩宽一个半头长，臀宽两个头长，时装画中一般也将臀宽缩至一个半头长，颈部较细。

2.2 人体着装效果表现

时装画是以表现穿着时尚时装理念为目的，人的穿着时尚效果是时装画的视觉表现中心。因此，如何准确、生动地表现人的着装效果成了我们必须面对的问题。

在时装画的人物着装表现中，存在着以下几个问题。

■ 2.2.1 人体结构与着装形态的关系

一件衣服，当它被人穿在身上的那一刻，便与穿着者共同构成了现实生活的审美对象。从时装画中的人物与服装的关系表现上讲，也应形成这种"天衣无缝"的视觉艺术审美效果。因此，服装的穿着效果是解决好这一问题的第一步。

服装的基本实用功能就是满足人类的社会生活的需要，其中包括御寒、防晒、合体、舒适等。而其中的"合体性"是西方的服装系统和服装设计师们所追求的最高目标之一。而时装画中所要解决的虽然也是服装与人体的贴合性问题，但是这种贴合性是画面效果中的人与服装的贴合关系。由于人体的结构形态十分复杂，人着装后服装随人体形态的变化而变化。我们讲所谓的"穿着效果"，是指对服装的表现要显现出人形体结构的特征，应确确实实地使人感觉到服装是"穿"在人的身上，而不是"挂"或"披"在人的身上。这时候绘画者对人体结构与动态关系的理解和掌握就显得尤为至关重要，如图 2-19 所示。

我们可以从 3 个方面解决这一问题。一是对人体结构的掌握程度，这一点前面我们已经强调过了。二是对服装质感的理解与把握。三是服装的重量、人体动态与服装形态变化三者之间的关系。

从服装的自重与质感的角度讲，服装材质的不同决定服装的重量、质感效果的不同。因此服装也就有了轻薄、厚重、光滑、柔软、挺括、蓬松等变化。轻薄面料的服装穿在人的身上时下垂感不是很强，但是像丝绸、锦缎等也比较贴合身体，人的体形特征体现得也比较明显。而像棉、麻织物以及一些化学纤维面料的服装，虽然也比较轻薄，但由于其纤维较硬，面料质地比较挺，贴合体形的能力较差。比较厚重面料的服装，其下垂感比较强，贴合人体支撑面的部位紧密，因此这些部位的形体特征明显，而其他部位被服装所掩盖，因此服装的造型特征呈现了出来。另外，由于人体动态的关系，服装的支撑面也会随之改变，服装与人体结构的形态、贴合关系亦发生了变化。假如我们表现一件长袖的服装，当人体处于直立静止的状态时，服装只是肩部与人体贴合。但是如果人体改变姿态，采取一只手叉腰的姿势时，袖子的形态与人体的贴合关系也随之发生了变化。上臂的外侧与袖的上部贴合、前臂的内侧与袖的下部内侧贴合。再如像裙装也是如此，比较宽松、轻薄的裙子多反映出女性的臀部的形态特征，而裙身、裙摆部分只有在人体运动时才与腿部形成贴合关系，体现出人的腿部特征。

另外，服装的款式造型、面料特征对服装与人体的关系表现也具有一定的影响。例如超短裙显露人的腿部特征、吊带裙显露人的肩部与颈部特征、露脐装使人的腹部形体得以显露，而薄纱服装则使人体的某一部分结构特征隐隐约约地显露出来……

2.2.2 人体动态与衣纹形态的关系

不论在人的日常生活中还是在服装效果图的艺术表现中，人体都不会始终处于一种僵直不动的状态。人是有生命的，生命的主要特征就是运动。所以在绝大多数情况下我们所表现的人物都呈现出各种各样的体形姿态，或婀娜多姿，或刚强有力。人的动态在着装上所产生的结果就是服装的形态变化，这种服装形态的变化除其整体随着人体的形态变化而变化外，其变化的主要特征就是"衣纹"的形态特征变化。所以要研究着装与动态的关系，首先要从研究衣纹结构特征开始，因为它是着装运动的结果。

1. 垂纹

垂纹是指人体动态幅度不大时，由于服装的自重形成一定的下垂度时，所形成的衣纹。因此，垂纹的产生与人的动态和服装面料的特点有着直接关系。垂纹多产生于服装面料具有一定重量与垂度的服装。其形态效果一般情况下是自上而下的、具有一定长度的、流畅的衣纹，如图2-20所示。

2. 绞纹

绞纹是由于人体的扭转形成两个反方向的"力"所形成的衣纹，例如扭身、扭臂等动作。表现时应注意抓住两个"力"点的位置，才能将绞纹的形态表现得准确、生动。"力"点的位置一般在人体的骨点上，其形态多为横向或斜向的S形，衣纹形态清晰、明确，如图2-21所示。

图2-19　　　　　　　　　　图2-20　　　　　　　　　　图2-21

3. 挤纹

挤纹是人体做屈体运动时，由于骨骼与骨骼的伸屈形成角度，构成对服装某一局部的挤压所形成的衣纹。而骨骼关节之间弯曲的程度越呈锐角，其挤纹就越密、越明显。挤纹多出现在人体的肘关节、膝关节、腹部、腹股沟等部位，其衣纹形态特点是衣纹密集、短小、呈放射状，如图2-22所示。

4. 拉纹

拉纹是对服装的拽扯而形成的衣纹。衣纹的形态长而清晰。由于拉扯的力不同，衣纹的形态也就呈现出不同的变化。力大则衣纹直挺，力小则衣纹有一定的弯曲度。其长度与服装的款式与衣纹的部位有关，如图2-23所示。

5. 回纹

回纹是就衣纹的形态而言的，衣纹的走向有回转的衣纹形态。回纹的形成与服装面料、人体动态等方面都有密切的关系，如图2-24所示。

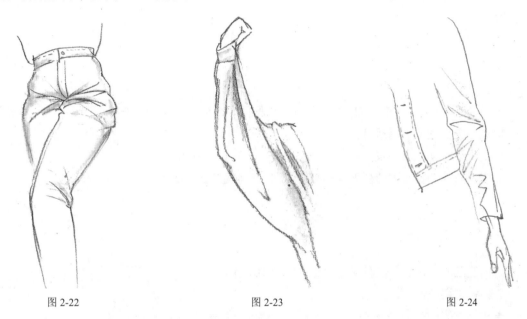

| 图2-22 | 图2-23 | 图2-24 |

以上的几种衣纹形态，在服装中有时是单独出现的，有时是同时出现的。也就是说一个衣纹也可能是垂纹和回纹的结合，或者是其他几种衣纹的综合。表现时应深入分析衣纹的成因，结合人体动态与服装的衣纹形态的变化加以表现。

2.2.3 人体姿态与服装风格

在服装效果图艺术表现中，服装的风格款式特征应与"人"的表现要素特征达到和谐统一，以增强服装效果图的艺术表现力和艺术感染力。

这里需要强调的是，我们一提起"和谐"往往单方面地强调"调和"、"统一"，而忽视了"变化"、"多样"的方面。实际上"和谐"内涵的最高境界是"多样统一"，其中包含了既讲统一又讲变化，既有对比又有调和的美学关系。例如，女士晚宴装一般"露"的部位比较多，所以从人物的动态、表情上应表现得姿态优雅、神情高贵，而不能表现得举止轻浮、神情妩媚。前者给人以高贵典雅、文静贤淑的知性美感，而后者则给人以低级媚俗、放荡不羁的视觉印象。如果是童装，则应注意表现出儿童的天真烂漫的天性。如果是运动装，则应表现出人物朝气蓬勃、积极向上的精神面貌。这里我们需强调人与服装两者之间的"协调"问题。但有的时候，一味地强调"协调"也可能产生呆板、单调的视觉印象，这时就应寻求"变化"

的要素。例如，人物身着运动装，肢体与表情语言却处于相对"静"的状态，服装风格与人的情感特征形成矛盾。如果表现得适度，则从另一个侧面反映出了人的另一种心理状态，进而也深化了主题，表现上也更具艺术表现力和艺术感染力。

因此，在时装画的艺术实践中，服装风格与人的精神面貌特征应引起我们足够的重视。实际上人的表情也好，姿态也罢，或是化妆，或是发型，都集中反映了人的精神面貌和气质特征，展现了人物心理的精神世界。因此，将人物的表情和动态加之艺术表现技法等诸多要素与服装风格和谐地统一起来，以展现人物丰富的精神世界，是提升时装画艺术表现力的关键要素之一。

2.3 课题训练

2.3.1 课题1：人物头部练习

1. 各种姿态人物头部10～20个，正面、半侧面、全侧面、平视、俯视、仰视均有所表现。
2. 以线为主、稍加明暗即可。
3. 男女青年，发型、化妆应有所变化。
4. 要求头部结构和五官透视表现准确、生动。整体感觉美观时尚、富于时代气息。

2.3.2 课题2：人体动态练习

1. 人体的正前、正后、左右半侧、左右全侧动态练习。
2. 人体各种姿态练习。
3. 要求人体的结构关系、透视关系准确。人体动态优美、舒展。

2.3.3 课题3：人体着装练习

1. 各种男女全身着装姿态练习。
2. 注意人体动态与衣纹形态的关系，衣纹形态与服装质感的关系。

技法篇

　　表现技法的学习是时装画学习的核心内容。为什么这样讲呢？任何艺术创作思想均应通过一定的技法手段得以表达。时装画也是如此，服装画家的观念也是通过表现技法手段实现的。而前面我们所讲过的理论、概念也要通过一定的技法手段，以艺术化、视觉化的方式表达出来。而技法手段是需要反复实践、寻求规律、积极探求、灵活运用才能有所掌握的。头脑中的理论知识应反映在视觉画面中，不然就会形成"眼高手低"的情况。而作为服装设计师，如何生动、准确地表达自己的设计意图，说到底是表现技法手段的提高。因此，时装画的表现技法应在反复实践与摸索中得以提高。

　　本篇将就时装画的绘画表现技法进行分析讲述，并结合绘画案例进行技法示范讲解。技法篇共分为3章，即基础表现技法、常用表现技法和其他表现技法。

第3章
时装画基础表现技法

本章是对时装画表现技法进行综合性、归纳性的讲解，其中包括一些时装画技法表现的基础性概念，目的是使读者对时装画技法有一个初步的整体性的认识与把握，以便在后面的时装画表现技法讲解与示范中，能够快速深入地理解其内涵，也可根据基础技法的讲解进行有针对性的练习。

3.1 时装画基础表现技法

　　时装画表现技法的学习，是从绘画工具与技法应用二者结合的角度来考虑的。用什么样的绘画工具进行创作，就会产生与之相关的技法手段和效果表现，技法不能抛开绘画工具孤立地来谈。同样，离开了绘画工具，表现技法也无从谈起。因此，**所谓绘画技法是作画工具与表现方法的总和。**

　　时装画的艺术表现技法丰富多彩，可以说其综合了多种绘画的表现方法与技巧。从绘画表现技法上有明暗表现法、线条勾勒填色法、薄画法与厚画法、渲染法与平涂法、淡彩表现法，以及各种刮、擦、撒盐、对印、喷绘等表现方法。从绘画工具上讲有水粉、水彩、彩色铅笔、各种油性水性的彩色笔、油画棒、喷笔、电脑绘画表现以及用于特殊表现技法的各种绘画表现工具等。

　　以下就几种时装画的基础表现技法的概念进行介绍，供大家学习与实践时参考。

3.2 厚画法与薄画法

　　厚画法是指水粉中的**施色较厚、层层覆盖、不透明**的表现技法，具有将视觉形象表现得结实、浑厚的特点，是时装画中经常采用的表现方法之一，如图 3-1 所示。

　　薄画法是水彩技法的表现特点，在水粉的艺术表现中也经常运用，多以色彩渲染的表现方法用于铺大色阶段和视觉形象的暗部表现。其特点是掌握色彩的饱和度与水分的干湿度，"适度"与"时间"的掌控是薄画法的关键。薄画法应注意影响其技法表现效果的两种情况。一是色彩比例少、水分比例大，色彩浅淡且色彩之间无法交融、渗透；二是色彩比例大、水分比例少，色彩干涩、不润泽、色彩之间也不能进行相互交融与渗透。正确的技法表现应该是色彩、水分比例适当、湿度的把握适当，才会形成较好的技法表现效果，如图 3-2 所示。

图 3-1

图 3-2

3.3 干画法与湿画法

干画法和湿画法与厚画法和薄画法有相同之处，不同的是**干画法基本上不加水**，直接蘸颜料绘画，而厚画法可以加水只是加水量较少而已，是水粉的技法表现。水彩颜料由于透明、覆盖性差的特点，无法实施这两种画法，如图 3-3 所示。

湿画法是在纸张湿润的状态下进行绘画的，可根据纸张的湿润程度和颜料含量的多少形成不同的技法状态，呈现的技法效果也有着明显的差异。世界著名水彩画家约瑟夫有一个著名的"水彩钟"理论，他将纸张分为全干、微湿、潮湿和全湿 4 种状态，将颜料与水的浓度比例分为茶、咖啡、牛奶、奶油和黄油 5 种色彩浓度状态，以解释干湿画法的实际应用，对于时装画的干湿技法具有一定的借鉴意义。

湿画法应根据画面表现的需要确定颜料与水的比例，应趁色彩湿润未干时进行表现，以达到色彩之间的相互渗透、交融的艺术表现效果，水粉、水彩均可以运用此种技法，如图 3-4 所示。

图 3-3

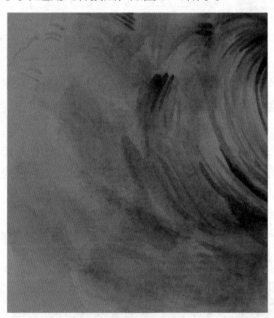

图 3-4

3.4 渲染法与平涂法

渲染法也是湿画法的表现技法之一，因此其技法表现可参考湿画法相关内容。

需要特别说明的是渲染法为"大水浓色"的技法表现，即用色饱满、浓郁呈水色淋漓的状态。渲染法是以水与色交融、渗透的表现技法，**水色淋漓是其突出的艺术表现特点**，以水彩技法进行表现其艺术效果最为突出，如图 3-5 所示。

另外，纸的性能也是决定渲染法表现效果的关键要素之一。由于渲染法多是以水彩为主的表现技法，因此水彩纸的性能就决定了渲染法的表现效果。画过水彩的人都知道，由于水彩纸的品牌、生产工艺、原料、厚薄、档次等原因，品质差异很大。吸水性太强的水彩纸不适于渲染法的技法应用，而湿水性比较强的水彩纸则很适于渲染法的技法表现，这一点还需大家在时装画的学习中反复实践、摸索，才能找到适合自己技法表现的用纸。

平涂法是将色彩调匀后，再以平面涂均的方法进行施色，不强调三维立体表现效果的绘画方法。往往与勾线结合运用，形成"平涂勾线"的表现形式。平涂勾线有两种表现形式：一种是先勾线、后填色的方法，被称为"勾线填色法"；另一种是先填色、后勾线的表现方法，表现上更为迅捷、粗犷，如图 3-6 所示。

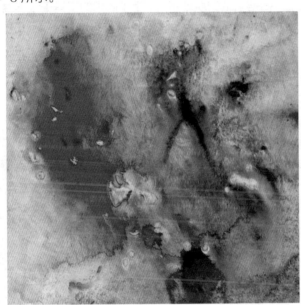

图 3-5

图 3-6

3.5 勾线技法

勾线也是时装画常用的表现技法，其特点是能够快速、概括地表现艺术形象。通常有钢笔勾线法、铅笔勾线法和毛笔勾线法。勾线的技法重在"线"的应用表现，表现时"线"是主要的表现手段，成为艺术视觉效果的主体。一般与色彩的渲染结合运用，形成线与面结合的艺术效果，也可单独使用线条进行表现，如图 3-7 所示。

3.6 其他特殊技法

水粉与水彩的其他特殊表现方法也非常丰富多样，可运用不同的技法手段或借助其他工具进行表现。例如，刮、擦、拖、扫、描、撒盐、透色、缝色、对印、拓印、飞白法、

图 3-7

弹色法等。下面对一些特殊技法进行简单介绍。

1. 刮

利用小刀或其他坚韧的工具对已经干透的画面进行刮扫，或使画面表面形成"刮痕"，或使画纸纤维受到破坏，泛起底纸白色的刮痕，或呈线状，或呈点状，进而达到一种特殊的艺术表现效果，如图 3-8 所示。

2. 擦

在画面上趁色彩未干时，用布、纸等进行擦扫，根据画纸的质地不同，用于擦扫的工具干湿程度不同、工具不同等，可形成不尽相同的艺术视觉效果，如图 3-9 所示。

3. 拖

将笔蘸上颜色，笔呈躺式拖笔运行，根据笔的色彩干湿、色的饱和度、笔运行的快慢、笔的运行方式等，可形成不同的技法效果，如图 3-10 所示。

图 3-8	图 3-9	图 3-10

4. 扫

笔在画面上进行擦扫，根据纸的粗细、纹路和快慢的不同视觉效果也就不同。

5. 撒盐

水彩画中的一种表现技法，称为"撒盐法"，在时装画中亦有运用。此技法是在上色潮湿的画面上趁势撒上盐，由于盐遇水融化的特性，将湿润的色彩化开，透出白纸底色，形成如雪花般的点状效果，使画面艺术效果更丰富多变，如图 3-11 所示。

6. 透色

透色是水彩的一种技法。第一遍色干透后，覆盖上第二遍色。由于水彩颜色的透明性，加之第二遍色要上得"薄透"，进而可透出底色。时装画一般用于透明服装面料的效果表现，效果极佳，如薄纱等服装。也可利用此技法调和色彩，如图 3-12 所示，就是先画出人体结构，待干后再画透明的薄纱服装。这样的色彩调和方法比两种颜色在调色盘中调和的颜色更透明、漂亮。

7. 拓印

利用物体表面的肌理，将物体表面上色，而后快速将纸铺于其上，铺平按压形成底物肌理的视觉效果。也可以采取先按压纸张，再涂色的方法。一般用于时装画背景的制作，如图 3-13 所示。

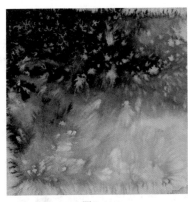
图 3-11

图 3-12

图 3-13

8. 飞白法

要形成飞白，要素有三。一是要行笔快速，笔在画面上擦扫；二是要画纸较粗，表面有一定的肌理。三是笔不能太湿，含水量要少。飞白是水粉、水彩的一种特殊技法，少量的飞白会增添画面的艺术感染力，使画面看上去更生动感人，富于变化。但是也不能滥用此技法，过多的飞白也会使画面枯燥乏味、色彩干涩、缺乏生气活力的视觉效果，如图 3-14 所示。

9. 弹色法

将颜色涂于牙刷毛上，牙刷朝向画面，用手指拨弹牙刷使色彩呈颗粒状于画面之上，形成自然的色点效果。一般用于画面背景和特殊效果，如图 3-15 所示。

图 3-14

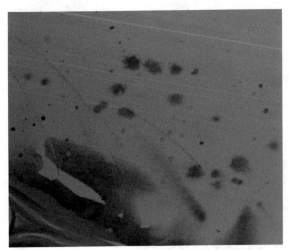
图 3-15

以上介绍了几种时装画的特殊表现技法，希望大家在学习中反复实践、尝试运用。

第4章
时装画常用表现技法

表现技法是任何绘画形式的重要组成，时装画的学习也是如此。时装画的表现技法是丰富多彩的，这一点源自于其绘画工具的多样性。水彩、水粉、彩色铅笔、钢笔等均是时装画常用的绘画工具。每一种绘画工具都有相应的技法手段。

时装画常用表现技法是大多数时装画家所采用的技法手段，其中包括水彩表现技法、水粉表现技法、彩色铅笔表现技法、淡彩表现技法和底色表现技法。下面就对这5种常用表现技法结合绘画工具分别进行介绍。

4.1 水彩表现技法

以水为媒介调和颜料进行绘画是非常古老的艺术形式，早在古埃及时期就有人以水调色在草纸上进行绘画，中世纪的欧洲人也以类似的方法绘制祭祀之用的手抄经本插图。文艺复兴时期，已经开始有画家尝试用多种水彩颜色作画，主要是为大型壁画的创作绘制草图之用，一般是在素描的基础上以水彩补充色彩调子。直至 15 世纪末至 16 世纪初，水彩画才走上了独立发展的道路，很多画家以水彩画的方式进行艺术创作。例如德国画家丢勒、霍尔拜因、克拉那赫、意大利画家彼罗西奥等，都有非常优秀的水彩画作品。到了 17 世纪，荷兰的水彩画在色彩的运用与表现方面有所突破，但从水彩技法的角度讲，尚未达到水彩技法表现的最高水平。18 世纪英国水彩画异军突起，至 18 世纪中叶英国的水彩画发展至顶峰，水彩画摆脱了其他画种，发挥水彩的材料特性，水彩画自此发展成为了一个独立的画种，此时期英国的水彩画家人才辈出、群星璀璨，涌现出一大批优秀的水彩画家，史称"英国画派"。

如今，水彩画也成为时装画家们最喜爱、最常用的艺术表现手段之一，很多优秀的时装画作品都是以水彩的表现技法为手段完成的。

水彩颜料属水性胶质、不含粉质，具有色彩鲜艳、透明的特点。因此，在时装画的水彩技法表现中应充分发挥水彩的材料特性，表现出其色彩艳丽、透明感强、水色淋漓的艺术视觉效果。

由于水彩技法是时装画最常应用的技法手段，在时装画的技法实践中占有举足轻重的地位，故在水彩的绘画工具与性能、技法与表现等方面讲解得比较深入具体，以利于广大读者在绘画实践中进行选择参考。

▄ 4.1.1 水彩技法的作画材料、工具

水彩技法的作画材料和用具有水彩纸、水彩笔、水彩颜料、调色板、涮笔水罐、画板、留白液、喷壶等，如图 4-1 所示。

图 4-1

1. 水彩纸

水彩纸有手工和机制之分，手工纸价格昂贵，机制纸价格便宜。纸面纹理有细纹、中粗、粗纹之分，由制纸工艺的冷压、热压完成不同粗度的纸面处理。热压水彩纸为细目，表面较为平滑，不易吸收颜料，可以用来画细腻的、写实风格的时装画作品；冷压为中目，最能发挥水彩的特性，也是时装画普遍选用的纸张；粗面的纸张合水性大、干得慢，适合用来画需较长时间处理的时装画作品。平放干后可以产生明显的色彩沉淀效果，更适合画表面粗糙的服装质感，例如粗纺花呢、棒线毛衣等。另外，水彩纸还有纸张厚度的区分，以其重量单位不同的"克数"加以区分，克数越重纸张越厚，克数越轻纸张越薄。一般 300g 以上的水彩纸不用"裱纸"，可直接作画。300g 以下厚度的水彩纸作画前需将纸张进行装裱，以防作画时纸张沾水起皱，影响作品的美感效果。

由于水彩纸有国外与国内产地的区别，所以水彩纸在品牌、价位、质量、档次和作画效果等方面差异很大，需作画者视个人情况选用。目前市场上有法国的康颂系列、英国的山度士系列等。其中康颂的阿诗、山度士、获多福属专业级水彩画纸，康颂的梦法尔、枫丹叶属中级水彩纸，康颂的巴比松和博更福水彩纸品质较低，属业余练习用纸。国内品牌方面保定宝虹水彩纸品质较好，价格适中，可以满足广大时装画学习者的用纸需求。

2. 水彩笔

画笔是各种绘画技法重要的表现工具。质感的表现、形体的塑造、色彩的渲染，乃至绘画个性风格的形成，均与笔的技法应用有着密不可分的关系。

时装画的画笔分为水彩画笔、毛笔和各种其他画笔，可根据表现效果的需要适当选择。下面就分别加以介绍。

专门用于水彩画创作的画笔称为水彩画笔，水彩画笔一般有貂毛、松鼠毛、牛耳毛、猪鬃、狸毛、小马毛及尼龙毛等多种。其中貂毛笔柔软而富有弹性，含水性能好且耐用，是水彩画最高级的水彩笔，其中以西伯利亚貂画笔和红貂画笔的价格最为昂贵。尼龙毛笔弹性大，但含水量较小，颜料不易释出，因此价格最便宜。猪鬃笔弹性强，但质地较硬，适合处理粗糙的效果。牛耳毛、松鼠毛、小马毛及国内产生的狸毛水彩笔质量也很好，但价格高低各异。

水彩笔还有尖头、圆头和平头之分，可用于时装画创作的不同表现技法。尖头水彩笔适于勾线和细节刻画，圆头水彩笔适合大面积施色渲染，平头水彩笔适合平涂及背景涂色。另外，还有专门用来涂大面积用的涂刷。

另外，中国传统的毛笔也可用于时装画的创作。毛笔有羊毫、狼毫和兼毫之分。羊毫毛笔柔软、含水性强，一般用于时装画的大面积上色与渲染。狼毫毛笔挺括、富于弹性、含水性不强，故用于时装画的勾线和细节刻画是很好的选择。兼毫毛笔正是结合了羊毫、狼毫各自的特点，是弹性、含水性、柔软度和挺括度均适中的一种毛笔，兼顾了二者的长处，所以绘画的适应性较强。学习者可以多在绘画实践中进行体会，找到适合自己进行艺术创作的画笔。

水彩笔使用后应立即清洗干净，并将水分挤出或用布吸干使之平顺，并置于干燥通风处为宜。

水彩笔的选购应注意以下几点：笔头有较好的弹性，笔毛平整滑顺，含水量足，笔锋尖锐更佳。通常水彩笔的尺寸有 13 种，一般由小到大分为 0 ～ 12 号。国产水彩笔一般以偶数划分大小，例如 0、2、4、6 等，最大至 24 号。选用不同尺寸的水彩笔，可以满足各种技法的表现。作为水彩时装画的初学者，一般选用 4 ～ 5 种不同尺寸的画笔即可。另外，准备一支勾线笔和一支排刷即可。

3. 水彩颜料

水彩颜料有 4 种，分别是干水彩颜料片、湿水彩颜料片、管装膏状水彩颜料和瓶装液体水彩颜料。

干水彩颜料片的特点是方便快捷，以笔蘸水即用，非常适于初学者，且价格便宜，不适于大幅水彩时装画的绘制，适用于小幅水彩时装画。

锡管膏状水彩颜料是应用最为普遍的水彩颜料，其特点是速溶于水、透明度好、色彩艳丽。有套装和散装之分，套装一般有 12 色、16 色、24 色等，散装可单支购买，更利于购买者的灵活选购，可根据常用色进行选购。无论是套装还是散装，品牌不同价格差异较大，通常进口品牌价格较贵，能够达到专业级的质量需求，例如温莎、梵高、伦勃朗、樱花等。国产的价格较便宜，适于初学者使用，例如马利、晨光等。

湿水彩颜料片属职业水平水彩颜料，通常分 6 片、12 片或 24 片，以铁盒包装出售，也可单片购买，是专业水彩画家常用的水彩颜料。

最后还有液体水彩颜料，是用透明玻璃瓶装，常为插画家所使用，其次也用于艺术水彩画中，以消融背景或渐层薄涂。

职业水彩画家、时装画家既用湿水彩颜料片，也用管装膏状水彩颜料，很难说哪一种更好，可依个人的绘画技术和作画习惯而定，作品将会同样优秀。

4. 其他辅助材料

调色盘：种类很多，无特殊要求。

涮笔罐：材质不限，涮笔方便即可。

留白液：亦称遮盖液，时装画的创作有时用得上遮盖液，特别是写实风格的时装画，小块面积的高光、头发丝等均可事先用遮盖液遮住底色，着色干燥后，再将遮盖液去除，效果极佳。也可用白蜡替代遮盖液，可起到相同的表现效果。

喷壶：用于色彩干燥后的湿接画法，还具有裱纸时将纸打湿、洒水法等用途。

● 4.1.2 绘画案例——红礼服

水彩的表现技法中"水"的运用是关键，就是我们通常讲的要有"水味"。水彩的作画步骤是"由浅入深"。

水彩时装画从绘画步骤上讲可分为 4 个阶段，就是**起稿、铺大色、局部刻画和整体调整** 4 个步骤，初学者依据此步骤方法进行学习，初级阶段可以收到较好的学习效果。当然，随着学习的深入、技法运用的娴熟，可以打破上述的步骤方法。因为学习是一个**"从有法到无法"**的过程，不经过初学期的"有法"，也很难达到成熟期的"无法"之高度，所以中国有句古话就是**"没有规矩不成方圆"**，也辩证地说明了学习方法的重要性。

1. 步骤一重点提示

起稿是一幅水彩时装画的起始步骤，也是关键步骤之一。俗话讲"万事开头难"正是说明事物起始的重要性。特别是水彩时装画**起稿的优劣**，直接影响后面的绘画步骤的顺利进行，乃至最终的艺术效果表现。因此，对一幅时装画的最终效果，一开始就应做到胸有成竹。

水彩时装画一般用较硬的 H、HB 铅笔起稿，尽量不用较软的 B 型铅笔，以保持画面的干净整洁，特别是以浅颜色为主的时装画，防止在起稿时手摩擦铅笔粉末将画面蹭脏，另一个原因是水彩色的透明有时也难以遮盖住太浓重的铅笔痕迹。另外需要特别提醒的是应尽量避免在起稿阶段使用橡皮，防止橡皮的反复摩擦破坏纸面，影响施色后的画面效果。

写实风格的水彩时装画起稿时，应尽量将人物的造型细节交代清楚，这是由于水彩颜色透明、覆盖性弱的特点，水彩技法不能够像水粉技法那样进行反复地覆盖与修改。因此，起稿时应做到心中有数、胸有成竹。由于图 4-2 并不是非常写实的时装画，故起稿以速写的方式比较迅速、概括、简约。

另外，水彩时装画起稿还应注意以下几个问题：人的结构、动态、表情、妆型；服装风格与着装效果；适用何种技法手段，技法如何应用；如何进行艺术表现。

图 4-2

2. 步骤二重点提示

水彩技法的着大体色的步骤与水粉技法有所不同，即"由浅入深"，从受光部或中间色调开始着色。在对受光部进行着色的同时，也应注意到与中间调、暗部的衔接关系，柔和、自然的过渡应采用"湿画法"，也就是在颜色未干时趁湿衔接，形成融合、自然的过渡关系。需要指出的是"趁湿"应掌握好"湿"的程度，太湿控制不好水色的走向，太干过渡衔接会生硬、不自然，或形成不应有的笔触。这也是水彩技法中最难的技法之一，应在创作实践中反复地实践、摸索，进而熟练地运用。有经验的水彩画家对湿画法的水色运用都有着丰富的经验，也是创作实践的经验总结。

高光有多种表现技法，应视绘画内容、风格、个人技法习惯而定。第一种技法是先在高光部位打水，稍后待纸面呈潮湿程度时进行施色空出高光，以获得自然的衔接效果。第二种技法是先施色，趁水色未干时以一支干净的、不含水分的毛笔吸走颜色，形成高光，此方法适于丝缎类面料所形成的细长形"带状"高光的技法应用。第三种技法是可事先在高光处涂上"留白液"，然后再上色。最后是一种补救性技法，即在作品完成后，用刮刀刮出高光。

另外，鲜艳的颜色应一次性表现到位，一次将色彩的饱和度给足，避免反复施色，使色彩失去鲜艳、靓丽效果，例如大红、宝石蓝等色彩的应用。

此幅时装画的服装由于质料的特点，在第二步骤就用了较多的"湿画法"进行明暗部分的衔接，已形成明暗过渡自然的衔接效果，如图 4-3 所示。

3. 水彩步骤三重点提示

此步骤最能反映出一名作画者的艺术水平和技法水平，往往一幅时装画作品的成败与否就体现在此阶段的艺术表现中。作品所呈现的艺术感染力、表现力很大程度上体现在此阶段的技法应用中。作品被搞得一塌糊涂、不可收拾也往往出现在此阶段。

此阶段是对人物和服装的局部和质感效果进行深入的表现阶段。所以，应对局部造型进行较为具体刻画，例如人物的面部、手部、脚部以及服装衣纹等部位进行较为深入的刻画，对画面中间调、暗部进行进一步的塑造，以加强立体效果和质感效果。

需注意的是此步骤不要对已经着过色的受光部进行大面积的改动，要保留其第一次着色的效果。过多的覆盖色会使色彩失去透明、干净的水彩味道，如图 4-4 所示。

图 4-3   图 4-4

4. 水彩步骤四重点提示

此步骤最能体现作者的绘画技法协调能力和艺术表现能力，作者的技法水平和审美水平在此阶段应得到最大化的发挥。作品的最终艺术效果表现通过此阶段反映出来。因此，此阶段需要做两个方面的工作。

一是对个别细节部分进行重点刻画。例如眼睛、鼻子、嘴、耳朵、头发、服装的衣纹和纹理等部位，以进一步加强质感，塑造人物形象，如图 4-5 所示。

二是与此同时对整体画面的调整。实际上对画面的调整不仅仅体现在此步骤中，在整个作画过程中，作画者无时无刻不在寻求画面的平衡与和谐关系。只是在作品即将完成之时，作者从艺术美学和画面艺术效果的角度，对整体与局部、局部与局部的关系进行一次全面性的调整，以达到画面和谐的美学关系。图 4-6 就是在保留前几个步骤精彩施色、笔触的基础上，对人物的局部结构进行了强化表现，在裙摆底下左前侧画了一只脚，进而增加了整体人物形象的稳定性，并对背景以浓重颜色进行了色彩渲染，起到进一步平衡画面色彩关系、烘托整体气氛的作用。

图 4-5

图 4-6

4.1.3 举一反三

此幅时装画为写实的时装画作品，从起稿阶段就表现得比较深入到位，并以"线面结合"的表现技法进行绘画表现，色彩上不追求过多的色彩变化，以固有色为人物的主体色调，以加强人物形象色彩表现的客观再现，进而使观者产生亲近感和自然感的审美感受，如图 4-7 所示。

此幅时装画作品的人物形象做了夸张变形的艺术处理，绘画步骤上采取"先湿后干"的技法表现，强调环境色的变化和虚实变化，如图 4-8 所示。

此幅时装画属于夸张的表现风格，人物比例和姿态均做了夸张的艺术处理，色彩表现单纯、明确，用笔轻松自然，水彩味道十足，如图 4-9 所示。

此幅时装画作品时尚味道十足，作者采取"平涂勾线"表现技法，人物头发结合"润染"的技法手段，使头发产生柔顺、光泽的质感效果。另外，作者利用发色、化妆、服装和配饰等元素，极好地营造了时尚的艺术审美效果，如图 4-10 所示。

这是一幅水彩写实风格的时装画作品，人物和服装从结构到质感均表现得深入具体，技法运用娴熟得当。背景采取了渲染法和撒盐法的艺术处理，形成了极佳的艺术表现视觉效果，如图 4-11 所示。

图 4-7

图 4-8

图 4-9

图 4-10

图 4-11

4.1.4 课题训练

1. 课题题目：水彩技法时装画作业一幅。
2. 课题要求：尝试、探索水彩技法的运用，可半身或全身人物表现，可单人或多人，人物服装的款式、面料质地不限，4 开水彩纸。

4.2 水粉表现技法

实际上在国际水彩画界对水彩、水粉并没有明确的界定，凡是以水来调和颜色的画法，统称为"水彩画"，特别是现代的水彩画家，只有"薄画法"与"厚画法"的技法区分，例如著名水彩画家约瑟夫就是先用水彩渲染铺色，再用水粉颜料整理画面，也就是其主张的"水彩钟"理论。而中国则将二者加以区分，薄画法即水彩的透明画法，而厚画法则为水粉的表现方法。

由于水粉颜料中加入了 5% ～ 120% 的白色颜料，故可以少调和或不调和水，颜色画上去比较厚重，以加强颜料的"覆盖性"，也正是由于水粉颜料的这一特殊属性，水粉颜料有着较强的覆盖能力，也就是所谓的"厚画法"。

水粉画是以水调和水粉颜料进行作画的一种绘画形式，以水调色的特性与水彩画一脉相承，故水粉画亦可以像水彩画那样呈现出色彩淋漓的技法表现效果。但是由于水粉颜料属于粉质颜料，因此不具有水彩画的色彩艳丽、透明的视觉效果。**由于水粉颜料的特性，其色彩干湿变化很大，因此绘画术语有"油干深、水干浅"的说法**，即油画干后画面颜色变深，水粉画干后画面颜色变浅。

■ 4.2.1　水粉技法的作画材料、工具

水粉时装画所需的作画材料工具有各种适宜的纸张、水粉颜料、水粉笔、调色盘等，如图4-12所示。

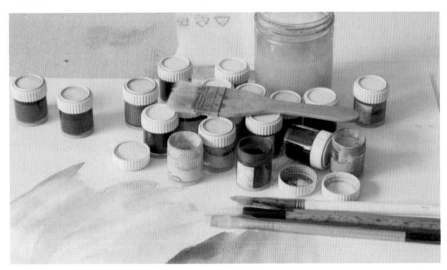

图 4-12

1. 水粉纸张

由于水粉画纸作画后基本被色层所遮盖，因此水粉画纸的质量一般低于水彩纸。**水粉纸要求纸质结实、吸水性不强，吸水性强的水粉纸上色后会使色彩效果灰暗**，因此必须要选择质量好的水粉纸。

另外，水彩纸、白卡纸、有色书面纸、厚纸板、中国画纸均可用于水粉时装画的创作。

2. 水粉画笔

究竟什么笔是画水粉时装画最为理想的画笔，使用比较普遍的是圆头和尖头的狼毫笔。狼毫水粉画笔一般含水性好、富有弹性，是水粉时装画的理想画笔。但是，**也可根据画面效果与技法应用的需要，选择其他质地不同、形状不同的画笔。**例如，中国毛笔的羊毫画笔、油画笔、扁头水粉笔、板刷等。其中扁形方头笔适于大面积施色，又可塑造体面，能取得较好的技法表现效果。尖头的狼毫画笔由于其笔锋长而尖，可形成中锋、侧锋等各种笔法，画出丰富、灵动的线条变化。涂刷可画背景或大面积渲染、涂色。

3. 水粉颜料

水粉颜料属不透明的水溶性颜料，其原材料与水彩颜料基本相同，但**水粉颜料偏重于遮盖性，水彩颜料强调透明性**。绝大多数水粉颜料需要添加5%～120%的白色颜料，以加强水粉颜料的色彩遮盖力，使色层变得不透明。因此水粉颜料干透后，呈现色层浓密、厚重、无光泽，亦产生一种粉质浓郁的色彩特殊美感，也呈现出水粉绘画独具魅力的艺术特色。也正是由于水粉颜料中加入了大量的白色颜料，因此水粉画干透后色彩变浅。水粉画的这一特性，应在技法应用中灵活掌控。水粉颜料有管装膏状水粉颜料、瓶装膏状水粉颜料。

调色盘和涮笔罐参考水彩用的调色盘和涮笔罐。

4.2.2 绘画案例——褶裥

1. 步骤一重点提示

　　时装画水粉技法的起稿与水彩技法相同，也可用铅笔起稿。由于水粉颜料有着较强的覆盖性，**所以可以用比较软的铅笔**，例如 B、2B、3B 等铅笔，**在施色阶段铅笔的痕迹可以被覆盖住**。这是一幅比较写实的时装画，故起稿对人物的表现比较写实、比较深入，以便为作品的深入表现打下基础，如图 4-13 所示。

　　关于其他方面的要求可参考前面对水彩起稿的具体要求。

2. 步骤二重点提示

　　如果初学者对水粉技法的上色没有把握的话，可先以一种单色对人物形象进行定型，即对表现对象的造型、明暗进行基本的确定，就像平时画水粉写生那样。由于考虑到有些读者可能是初学者，所以本绘画实例增加了此步骤。如果经过一段时间的绘画实践，**技法掌握熟练之后，可省略此步骤**，直接以色彩进行表现，如图 4-14 所示。

图 4-13

图 4-14

　　与水彩技法相反，水粉技法的色彩表现一般从**暗部或中间色画起**，用色较薄，以湿画法为主，用色不要太干，湿润一些，类似水彩的表现技法。

3. 步骤三重点提示

　　此步骤可对中间调、受光部进行色彩表现，同时对局部造型进行深入刻画，**用色较厚**，特别是受光部基本上采用干画法，层层覆盖，如图 4-15 所示。

此步骤应将人物的大体造型基本完成。

4. 步骤四重点提示

与水彩技法相同，此步骤亦需要做两个方面的工作。

一是对个别细节部分进行重点刻画，有**强调与深入的细节表现**，目的是使画面效果更精彩、更有味道、更有看头。同时强调了细节的"实"，也映衬了其他地方的"虚"，使画面产生虚实得当的艺术效果。

二是与此同时对整体画面的调整，注意**"紧"与"松"的关系**，如图 4-16 和图 4-17 所示。

图 4-15

图 4-16

图 4-17

4.2.3 举一反三

此幅时装画为写实风格的时装画作品，对人物形象的表现深入而细腻，在技法表现上，当整体铺色绘画后，采取了"点绘"的技法进行加工处理，达到了很好的艺术审美效果，如图4-18所示。

此幅时装画表现的是一位运动中的年轻女性形象，人物比例上做了些许夸张处理，技法表现娴熟、虚实得当，特别是头发的处理具有飘逸洒脱的视觉印象，极好地表现了人物的运动感。不足之处是背景的白色色块处理得不够讲究，如果让白色块明度再低一些、服装与背景的技法表现再有一些区别，服装与背景就会产生一定的空间距离感，人物形象会更加凸显，如图4-19所示。

此幅作品是典型的水粉厚画法的时装画，用色大胆、色彩浓郁、厚重，特别是服装的表现明暗分明、色彩饱满浓重，以灵活的线条勾勒出服装的轮廓，使服装的表现产生了活跃、不死板的艺术视觉效果，如图4-20所示。

图 4-18

图 4-19

图 4-20

4.2.4　课题训练

1. 课题题目：水粉技法时装画作业一幅。
2. 课题要求：尝试、探索水粉技法的运用，全身人物表现，人物服装的款式、面料质地不限，4 开水彩纸。

4.3 彩色铅笔表现技法

彩色铅笔既能够深入、细腻地刻画艺术形象，也可以像速写般寥寥数笔、简约生动地勾勒出艺术形象，因此备受一些时装画家的青睐，日本时装画家熊谷小次郎先生就有很多用彩色铅笔绘制的时装画作品。

4.3.1　绘画工具

现在市面上有各种品牌的彩色铅笔，一般分为**可溶性和不可溶性、可覆盖性和不可覆盖性的彩色铅笔**，购买时应先了解其性能，时装画应选择能够覆盖的彩色铅笔。品质好的彩色铅笔浅色能够盖住下面的深色，上面的色彩能够遮盖住下面的色彩，这样就提供了技法表现的多种可能性。而普通的彩色铅笔则无法实现这种表现技法。一般国内外一些知名品牌的彩色铅笔均能实现色彩的覆盖，如图 4-21 所示。

图 4-21

由于铅笔是人们自孩童时最早接触的书写与涂鸦工具，因此彩色铅笔成为大家熟知、便利的绘画用具之一，初学者掌握起来也非常得心应手，其丰富的色彩可以满足色彩表现的艺术需求，因此也成为广大时装画初学者所喜爱的绘画用具。

4.3.2　技法应用

1. 素描法

技法运用采取素描中的"排线法"，强调人物形象的立体感效果表现，采取块面结合的艺术表现技法，可以深入地表现艺术形象，如图 4-22 所示。

2. 速写法

彩色铅笔的速写法是以线为主，结合彩色铅笔涂面的表现方法，表现效果具有简洁明快、干净利索的艺术美感效果。线

图 4-22

可以用黑色或重色的彩色铅笔进行勾勒，也可以用黑色钢笔、自来水笔进行勾勒，使线具有明显的线条特征。图 4-23 就是以黑色的自来水笔进行线的勾勒，彩色铅笔排线涂面，其色彩的明度高于线条的明度，才能产生人物形象突出的视觉艺术效果。

3. 结合法

彩色铅笔也可与其他表现技法结合使用，可以结合其他绘画形式进行艺术表现。最常采用的是与水彩结合进行艺术表现，一般为水彩的"淡彩"表现效果，色彩不能过重，过浓重的色彩则会盖过彩色铅笔的线条，产生"喧宾夺主"的视觉效果，也失去了彩色铅笔的技法效果和味道。也可以结合水粉、粉笔、油画棒等进行艺术表现。一般情况下彩色铅笔与其他艺术形式结合，应突出彩色铅笔的性能和长处，不能"为了结合而结合"。例如，彩色铅笔与油画棒结合，就是应发挥彩色铅笔能深入刻画细节的特点，而油画棒基本是粗线条地表现形象，弥补其不能深入的不足，如图 4-24 所示。

图 4-23

图 4-24

4.3.3 绘画案例——丰腴

1. 步骤一重点提示

　　选择铅笔或适合画面色彩效果的彩色铅笔起稿，起稿时需注意最终完成的画面效果。如果是写实的时装画作品，起稿时要尽可能将形象的细节交代清楚；如果是简约的速写式作品，则没有必要面面俱到，如图 4-25 所示。

2. 步骤二重点提示

　　上大体色将画面的整体色调和人物形象的大体结构关系表现清楚。注意虚实关系、形体关系、空间关系的表现。此阶段注意应该"虚"的关系不要画过头，画过了下一步再调整就困难了，因为彩色铅笔要想涂改，不像铅笔那样轻松容易，如图 4-26 所示。

图 4-25　　　　　　　　　　　　　　　　　　　图 4-26

3. 步骤三重点提示

　　采取排线法深入刻画表现艺术形象。此阶段依然要具有**整体画面艺术效果表现的意识**，注意做到"收放自如"、"虚实得当"，如图 4-27 所示。

4. 步骤四重点提示

　　整体调整画面效果，对左肩的头发、人物的眼睛等处做了调整。最后对背景进行铺色渲染，以起到突出人物形象、加强画面空间感的作用，如图 4-28 所示。

图 4-27

图 4-28

4.3.4 举一反三

由于前面给大家讲解了三种不同的彩色铅笔的技法应用，因此这里仅列举一个图例进行分析。此幅彩色铅笔时装画为写实风格，利用排线法表现，对人物和服装进行了深入细致表现，人物与服装的质感表现也十分到位，如图 4-29 所示。

4.3.5 课题训练

1. 课题题目：彩色铅笔技法时装画作业一幅。
2. 课题要求：尝试、探索技法的运用，全身人物表现，人物服装的款式、面料质地不限，4 开水彩纸。

4.4 淡彩表现技法

以线勾勒人物形象、以淡彩进行色彩渲染的表现技法。

4.4.1 技法概述

主要绘画工具为钢笔、铅笔、碳笔和水彩，如图 4-30 所示。

图 4-29

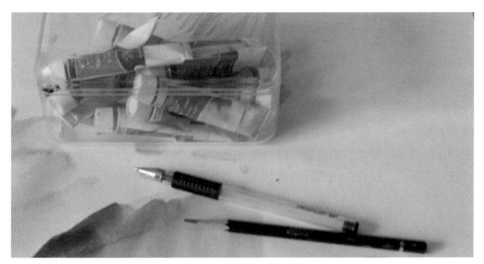

图 4-30

以碳笔、铅笔勾线结合水彩的画法称为"铅笔淡彩",如图 4-31 所示;以钢笔勾线结合水彩的画法称为"钢笔淡彩",如图 4-32 所示。

图 4-31

图 4-32

运用水彩淡施颜色后,再用钢笔或铅笔进行勾线绘制而成。艺术表现效果清淡、雅致,是水彩中的薄而浅淡的画法。这是很多时装画家经常采用的艺术表现手段,例如美国的肯尼斯、日本的矢功岛、熊谷小次郎等时装画家,均是此中高手。

● 4.4.2 绘画案例——小憩

1. 步骤一重点提示

先用铅笔或钢笔画出人物形象，注意不要画过，最好画出速写的味道，做到虚实得当，有些地方可以是"意到笔不到"，如图 4-33 所示。

2. 步骤二重点提示

以水彩进行上色渲染。根据人物造型的结构用笔应做到轻重缓急、行笔流畅，切勿拖泥带水、反复描画，有的地方一挥而就，应具有一气呵成的艺术视觉效果，如图 4-34 所示。

图 4-33   图 4-34

● 4.4.3 举一反三

此幅为钢笔淡彩的时装画作品，先用钢笔勾线，再用水彩颜料进行色彩渲染，注意用色的浓度以不影响勾线的效果为准，如图 4-35 所示。

此幅时装画为夸张风格，采取"先勾线、后渲染"的表现方法，具有一种速写的味道，如图 4-36 所示。

图 4-35

图 4-36

4.4.4 课题训练

1. 课题题目：淡彩技法时装画作业一幅。
2. 课题要求：尝试、探索技法的运用，全身人物表现，人物服装的款式、面料质地不限，4开水彩纸。

4.5 底色技法

4.5.1 技法概述

　　底色技法是在有色纸上进行的时装画创作，利用有色纸形成一个色彩基调，因此选择什么色彩的色纸就成为底色技法的第一步。应根据所创作时装画的色彩效果选择纸的颜色。一般美术用品商店均有色纸出售。如果现成的色纸不能满足创作的需要，可以自己制作色纸。方法是先将白色纸张裱在画板上，然后根据色调需要铺上所需的颜色，待干后就可以使用了。

　　另外，**底色技法通常是选用深色的底色以突出人物形象，颜色太浅淡，人物形象则无法凸显，达不到底色技法的优势特点。**因此深色底色多采用水粉的表现技法，利用水粉颜料可覆盖遮住底色，更有利于彰显人物形象，如图 4-37 所示。可遮盖性彩色铅笔也可以选用深色的纸张，与水粉同样具有凸显人物形象的技法效果。**有时选用较浅淡的色纸，更多的是出于时装画整体色调的考虑**，也能够达到很好的技法表现效果。

自己制作底色还有一个现成色纸不可比拟的长处，一般现成色纸为整幅均匀的一种色彩，而自己刷色可根据艺术表现的需要，将纸张刷成色彩不一、深浅不一、刷局部、见笔触、渲染等多种不尽相同的效果，可丰富艺术效果，提高时装画的艺术表现力，如图 4-38 所示。因此，在底色技法的学习中应多尝试各种底色不同制作方法，体验其技法表现效果。

图 4-37

图 4-38

另外，**底色技法一般选用水粉颜料**，利用水粉颜料覆盖性强的特点进行绘画。绘画时应以厚画法为主，可适当结合相对较薄的色彩进行，不然就达不到底色技法的艺术效果。再者行笔要迅捷果断，不能拖泥带水，否则反复用笔将底色翻起来就不好了，影响画面的艺术效果。也可用其他绘画用具和技法进行表现，例如彩色铅笔、粉笔、刮色法等。之前图 4-26 就是用彩色铅笔表现的底色技法。

4.5.2 绘画案例——魔

1. 步骤一重点提示

在有色纸上可以用铅笔起稿，也可以直接用毛笔起稿，画出人物造型形象。根据想要完成的画面效果，选择或深入或概括的起稿的方式。

从面部开始着色，不要过于拘谨，忽视细部结构，整体地绘画。色彩要浓一些、厚一些，少调水，不然会使底色翻起，如图 4-39 所示。

2. 步骤二重点提示

着大体色，用笔肯定、迅速。注意轻重虚实、浓淡干湿的变化，不能画得过于死板，要一张一弛、松紧有度，如图 4-40 所示。

图 4-39

图 4-40

3. 步骤三重点提示

深入表现结构，对画面的视觉重心部分可进行深入细节刻画，例如眼睛、前额的头发、嘴等部位，如图 4-41 所示。

4. 步骤四重点提示

整体观察，调整画面的艺术效果，如图 4-42 所示。

图 4-41

图 4-42

4.5.3 举一反三

这幅时装画对人物形象做了变形的艺术处理,具有变形风格的表现特征。人物的表现比较概括,而对服装的表现则比较深入具体,人物的头发采取了省略的艺术手法。另外,将人的皮肤画成黑棕色,突出了白色服装的表现,如图4-43所示。

这幅时装画是利用有色纸完成的,人物肤色涂得比较平,而服装则采取见笔触的表现方法,依衣纹的纹路变化用笔,较好地表现了服装的款式与质感效果。在背景处以淡白色加了笔触,甩、弹了白色颜料,以使画面效果更加活跃,如图4-44所示。

图 4-43

图 4-44

这幅时装画是用黑卡纸以水粉颜料绘制而成,采用厚画法颜料中少加水以盖住底色,技法应用非常到位,概括的表现与精细的刻画完美结合,达到了收放自如的艺术效果,人物的腿部和服装表现得较为概括,基本以平涂手法完成,而人物的面部、服装的皮毛和鞋则表现得细致入微,是一幅优秀的底色技法时装画作品,如图4-45所示。

这幅时装画是水彩表现技法,但结合了水粉白颜色提亮人物和裙子。绘画步骤是先在有色纸上以铅笔起稿,以水粉白色沿人物和服装廓形提亮明度使其更凸显,待白色干透后再用水彩表现人和服装的细节,如图4-46所示。

图 4-45

图 4-46

4.5.4 课题训练

1. 课题题目：底色技法时装画作业一幅。
2. 课题要求：以水粉或彩铅的技法尝试底色画法的技法表现，人物服装的款式、面料质地不限，4 开水彩纸。

以上是时装画家最常采用的 5 种表现技法，从起稿到绘画分步骤进行详细介绍，应用范围比较广，也是比较便捷有效的表现技法。因此对其进行了详尽的步骤讲解，以供读者学习参考。

第5章
时装画其他表现技法

　　本章的几种方法在时装画的技法应用中或不像前面5种技法应用广泛，或偶有运用，或有的随着现代科技的发展已被其他的艺术表现手段所替代。例如喷绘表现技法，20世纪七、八十年代非常普及，而进入九十年代后便被电脑绘画所替代。

　　下面将对其他几种时装画的表现技法进行讲述，以供大家在自己的时装画学习中选择参考。

5.1 毛笔勾线技法

毛笔勾线的绘画工具比较简单，基本用水彩颜料或水粉颜料和毛笔，如图 5-1 所示。

图 5-1

5.1.1 技法概述

毛笔是中国传统的绘画、书法用笔，在时装画的勾线技法中可勾线可铺色渲染，在时装画的技法表现中西方人多采取"硬笔"勾线的方式，例如前面所讲的"钢笔淡彩"、"铅笔淡彩"的表现方法。东方的时装画家比较喜欢采用毛笔勾线的表现方法，例如日本的熊谷小次郎、中国台湾地区的萧本龙等时装画家，均有毛笔勾线的时装画作品。

前面讲了淡彩的表现技法，毛笔勾线技法也是线面结合的画法，只是勾线的绘画工具由硬笔（铅笔、钢笔）换成了软笔（毛笔）。**由于毛笔质软，掌握起来更加困难，所以应常练习用毛笔勾线，争取做到得心应手。**

毛笔有羊毫和狼毫之分，也有兼毫毛笔，结合了狼毫的挺括和羊毫的柔软及含水量强的特点。羊毫毛笔质更软，初学者不太好掌握。可先选择狼毫或兼毫毛笔，勾线运笔比较挺括，掌握起来更加容易。初学者可准备几管勾线用的毛笔，例如衣纹笔、叶筋笔等。

另外，毛笔勾线技法的色彩表现不仅限于"淡彩"，由于毛笔勾线墨色具有**可浓可淡、可细可粗、可实可虚的丰富变化，完全可以根据画面效果需要灵活把控，**因此色彩表现不受限制，可用较浓重的色彩与线进行组合。

5.1.2 绘画案例——舞动

与淡彩技法不同的是先画"面"，再勾线。这里用了"面"，而不是"块"，意思是毛笔勾线技法"体块"关系千万不能画过，一定把握好分寸，画得应"写意"一些。

1. 步骤一重点提示

可用铅笔起稿。如果比较有把握，也可用铅笔简单起稿，上色后再用毛笔勾线，如图 5-2 所示。

2. 步骤二重点提示

一般先从亮面浅颜色画起，形成色彩基调。也可结合暗面颜色同时进行表现，主要是与最终的表现效果结合起来，如图 5-3 所示。

图 5-2   图 5-3

3. 步骤三重点提示

画中间色和暗部的色彩。注意不要画过，因为还要勾线，体面关系不能盖过线条效果，不然勾线就没有意义了，如图 5-4 所示。

4. 步骤四重点提示

勾勒线条，调整效果，渲染背景，如图 5-5 所示。

图 5-4

图 5-5

5.1.3 举一反三

这幅时装画是笔者的一幅毛笔勾线时装画作品，起稿后以水彩湿画法对头发和服装进行概括性的大面积渲染，而后画出人物的大的结构关系，最后以线勾勒人物和服装，刻画五官结构，调整完成，如图 5-6 所示。

5.1.4 课题训练

1. 课题题目：勾线技法时装画作业一幅。
2. 课题要求：尝试、探索勾线技法的运用，全身人物表现，人物服装的款式、面料质地不限，4 开水彩纸。

5.2 图案技法

服装不仅仅只有单一色彩和色彩之间的配合，而且有丰富多彩的图案变化，特别是女装图案更加丰富多彩，如图 5-7 所示。

图 5-6

在时装画和服装效果图的艺术表现中，服装图案的表现占有很重要的地位，特别是女装带有图案服装的概率很高。现代男装的服装图案虽没有女装那样丰富多彩，但也有条纹、格子和各种时尚的图案。所以，掌握服装图案的表现是十分重要的。

要掌握服装图案的表现技法，应从两个方面着手：一是要懂得图案的基本知识；二是要注意表现服装图案应随服装的衣纹结构的变化而变化。

5.2.1 服装图案基本知识

面料的图案从其组织结构上讲有单独纹样、适合纹样、自由纹样、二方连续、四方连续等形式。为了掌握图案的结构形式特征，进而准确、生动地表现服装图案的视觉效果，下面简要地介绍一下图案的几个主要形式。

图 5-7

单独纹样是一种独立的图案形式，在一个平面中独立形成一个完整的图案。服装中单独图案的运用多设置在胸前背后，例如T恤衫胸前背后上的印花图案多为单独图案的形式。另外，单独图案还常常应用于休闲夏装的图案设计中。

适合纹样是在一个几何框架内，根据几何的外廓形组织设计一个完整的图案，几何框架可以是正方形、长方形、三角形、圆形、椭圆形等几何形。根据服装图案设计的需要，有时应用于服装的局部造型中。

自由纹样是一种无骨架限制的图案表现形式。图案的形式组织比较自由、活泼，但需设计者具备掌控全局的设计本领和良好的审美能力与设计技巧，不然设计的图案容易产生发散、凌乱、形象不突出等问题。自由图案是服装图案经常采用的形式，常常应用于礼服、休闲夏装等服装图案的设计中。

二方连续是指一个或两个图案单元以反复或交替的接续方式所形成带状形图案，常常应用于服装的边缘部位，例如前襟、下摆、袖口等部位，尤其是复古风格的服装，用以强化风格、诠释时尚。

四方连续是指一个图案形式单元向上下、左右反复接续的图案设计方法，在服装中应用最为广泛，是最常见的服装图案方式，在服装的图案设计中也被称为"满花装饰"，女夏装中的图案大多数均属于此种方式。

角隅图案是依据"角"的形所设计的图案形式，在服装中常常依据服装的衣角进行图案设计，一般用于高档礼服的图案设计中。

以上介绍了服装图案的几种主要表现形式，掌握了服装图案的形式规律，对于我们快捷地表现服装图案的基本特征是非常有帮助的，同时也利于我们在服装图案方面默写能力的提高。

5.2.2 技法概述

接下来我们讲一讲图案的技法表现问题。人着装后服装的形态是随人体形态的起伏变化而变化的，因此服装图案也会随着人体形态有起伏的变化，如果人体动态幅度或关节弯曲幅度较大，就会形成复杂多变的服装衣纹形态，服装图案形态也会变得更加复杂。所以在表现服装图案时，一定先要分析图案的形式特征，搞清楚属于哪种形式的图案，然后再对服装的衣纹突出形态进行分析，头脑中一定要有图案是随着服装的衣纹结构的变化而变化的意识，特别是**写实风格的时装画**，图案要贴附在服装的起伏变化中，与服装形成一个整体，这一点也是我们在服装图案的表现中最容易产生的问题。通常在写实时装画的图案表现中容易出现两大问题。一是图案表现得太"平面化"，服装表现得没有围度感；二是服装的形态起伏变化与图案结合得不紧密，图案好像与服装的形态变化没有关系，图案表现得"浮"在服装的衣纹之上。所以，我们所强调的图案形式结构、服装的衣纹形态与图案的关系，正是解决以上两大"通病"的关键。

　　另外，**如果是速写式、装饰性的时装画，就可以将图案表现得概括一些、平面化一些，不必拘泥于服装图案与衣纹形态的贴合性表现。**图 5-8 中左图为速写式概括法，右图为依照衣纹结构表现的图案写实性画法。

图 5-8

　　条纹与格子也属于图案的范畴，形式比较简单，但却能形成丰富的变化。条纹有横条、竖条、斜条与宽条、窄条之分。格子有大格、小格、宽格、窄格之分。表现时也应与图案的表现方法一样，要与服装的衣纹结构的起伏变化结合起来进行表现，才能将其表现得准确、生动，可参考图案的表现方法。

　　总之，作为时装画的基础训练，掌握以上面料的基本表现方法与手段是十分必要的，在以后时装画的艺术实践中，创作者可能会摸索出新的表现方法与技巧，进而形成自己的表现手法。

5.2.3 绘画案例——花裙子

在时装画的图案技法表现中，也有写实性和写意性的技法表现之分。写实性技法表现比较复杂，应根据服装衣纹的起伏效果绘制图案，应具有图案与服装的"贴合感"，而不能"浮"于服装之上。而写意性的表现应具有一定的意向性，不必循规蹈矩，整体看上去舒服、和谐即可。

这是一个写实性的图案技法表现实例，服装图案效果表现比较深入、具体，以水彩技法绘制。

1. 步骤一重点提示

铅笔起稿，画出人物形象与图案细节，如图 5-9 所示。

2. 步骤二重点提示

服装图案的部分事先用专门的水彩"留白液"进行遮盖，为下一步骤的进一步整体着色打下基础，如图 5-10 所示。

图 5-9

图 5-10

3. 步骤三重点提示

以人物和衣纹的结构关系进行整体着色，概括一点进行表现，如图 5-11 所示。

图 5-11

4. 步骤四重点提示

进一步刻画细节，并对整体画面进行一次调整。待色彩晾干后，将留白液去除进行图案的绘制。最后再进行一次画面的调整，如图 5-12 和图 5-13 所示。

图 5-12

图 5-13

● 5.2.4 举一反三

　　这是一幅彩色铅笔结合水彩的时装画作品，由于服装结构与形态的复杂多变，使得服装条纹图案形成纵横交错的视觉效果，因此在技法表现上采取较为"平面化"的方法，使服装图案形成"繁而不乱"的艺术审美效果，如图 5-14 所示。

　　这是一幅水彩表现技法的时装画作品，虽然表现手法上比较传统，但是对人物形象做了省略法的艺术处理，具有"意到笔不到"视觉审美效果。在技法表现上先画出人物和服装的色彩、明暗和虚实关系，待色彩干透后，在依据服装的衣纹变化画出格子图案，如图 5-15 所示。

图 5-14　　　　　　　　　　　　　　　　　　　图 5-15

　　此幅时装画为水粉表现技法，人物和服装分别采用了不同的表现技法，进而产生一种由技法矛盾所形成的"趣味感"，如图 5-16 所示。

　　这是一幅彩色铅笔技法的时装画，风格表现比较写实。服装图案依据衣纹的变化进行绘制，形成了与服装紧密贴合的效果，如图 5-17 所示。

图 5-16

图 5-17

5.2.5 课题训练

1. 课题题目：图案技法时装画作业一幅。
2. 课题要求：尝试、探索服装图案的技法表现，写实性和写意性表现均可。全身、半身人物均可，人物服装的款式、面料质地不限，4 开水彩纸。

5.3 油画棒技法

5.3.1 油画棒的特点

油画棒为固体、油性的绘画工具，由于品牌不同质量存在较大差异，分为绘画专用和练习专用。绘画用油画棒品质较好，色彩艳丽，附着力比较强；练习用为儿童涂鸦绘画用具，质量一般，如图 5-18 所示。

5.3.2 技法概述

油画棒在时装画的技法表现中很少单独使用，一般情况下都与其他绘画工具结合运用，例

图 5-18

如水粉、水彩等，目的是利用油画棒与水性颜料的不兼容性进行绘画表现，进而产生使人意想不到的

技法表现效果。**其基本技法方式是先用油画棒画出服装上的图案，再用水彩、水粉颜料调水铺色而成，尤其是格子、条纹图案，以此技法表现效果极佳。**

5.3.3 绘画案例——海风

1. 步骤一重点提示

　　铅笔起稿，将人物和服装的造型表现清楚，如图 5-19 所示。

2. 步骤二重点提示

　　从服装开始画起，先用白色油画棒画出服装上的条纹图案，然后用水彩颜料给服装上色，以湿画法画出服装造型，并趁第一遍色未干画暗部的色彩，以形成色彩之间的相互渗透与交融，这时白色油画棒所画的痕迹便凸显出来了，如图 5-20 所示。

图 5-19

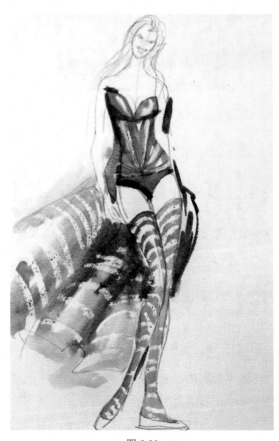

图 5-20

3. 步骤三重点提示

　　开始画人物，从头部画起，但是要注意不要画得太僵、太死，用笔要轻松些，如图 5-21 所示。

4. 步骤四重点提示

　　对人物的细节造型进行刻画，对人物轮廓勾线处理，最后渲染背景，对整体画面进行调整完成，如图 5-22 所示。

图 5-21

图 5-22

5.3.4 举一反三

绘画步骤是先用油画棒画出服装图案，如条纹图案、格子图案、花卉图案等，然后再以水彩、水粉颜料进行色彩的绘制，就可达到快速表现服装图案的目的，形成综合技法表现的视觉效果，如图 5-23 所示。

5.3.5 课题训练

1. 课题题目：油画棒技法时装画作业一幅。
2. 课题要求：将油画棒作为水粉或水彩的辅助绘画工具，尝试与其他绘画工具的结合。全身人物表现，人物服装的款式、面料质地不限，4 开水彩纸。

5.4 粉笔技法

粉笔技法在时装画中运用得比较少，近几年有些时装画家对此技法进行了艺术尝试，取得了较好的艺术表现效果。

图 5-23

● 5.4.1 技法概述

粉笔技法的绘画工具有专业绘画粉笔、专业画纸、擦笔和定画液。这些专业绘画用具在规模大一些的美术用品商店均有出售。绘画用粉笔质地细腻，粉笔有多种颜色，完全可以满足色彩表现的需要。粉笔画的画纸也是一种专门的纸张，一面粘有极细的沙粒，就像细号的砂纸，目的是固色之用，有多种颜色。擦笔是一种辅助绘画工具，用以使色彩过渡更加柔和，以表现空间和结构关系之用。由于粉笔画容易掉色，故喷上定画液使色彩更加牢固，如图5-24所示。

图 5-24

在西方粉笔画是一个专门的画种，有专门从事粉笔画创作的职业画家，其他职业画家也偶有粉笔画的创作。

● 5.4.2 绘画案例——我爱红装

本绘画案例是一幅写实风格的粉笔技法时装画作品。

1.步骤一重点提示

铅笔起稿，画出人物造型的大体关系，如果是较深底色的纸张，可直接用浅色粉笔起稿，画稿要概括些，可省略细节造型，如图5-25所示。

2.步骤二重点提示

彩色粉笔铺色表现，结合擦笔、手指对色彩进行晕色，如图5-26所示。

3.步骤三重点提示

整体色彩表现后的效果，观察一下是否需要进行调整，如图5-27所示。

4.步骤四重点提示

深入细节描绘，可将粉笔的一头削成斜面，用斜面顶部的侧面刻画出比较精细的笔触，如图5-28所示。

5.步骤五重点提示

调整完成，喷上定画液，如图5-29所示。

图 5-25　　　　　　　　　　　　　　　　　　　　　　　图 5-26

图 5-27　　　　　　　　　　图 5-28　　　　　　　　　　图 5-29

5.4.3 举一反三

　　这是一幅底色法的粉笔时装画作品，在有色纸上先用铅笔起稿，再用粉笔进行绘画，绘画技法娴熟，线条运用灵动，人物造型准确生动，具有一种现代时尚魅力，如图 5-30 所示。

　　这是一幅以灰色纸为基调的粉笔时装画，先用铅笔起稿，再用粉笔画出人物形象，最后用擦笔涂面调整画面，如图 5-31 所示。

图 5-30

图 5-31

用粉笔可以画得非常深入写实，甚至可以达到油画一样的写实表现效果。这幅粉笔时装画作品画的是 20 世纪著名影星奥黛丽·赫本，人物造型十分准确生动，并准确地表现了奥黛丽·赫本那清纯可人、秀丽高雅的个性气质，真正做到了神形兼备。技法表现娴熟，表现效果非常写实，特别是一双手表现得结构准确、深入细腻，体现出画家深厚的绘画功力，是一幅写实主义的粉笔画佳作，如图 5-32 所示。

5.4.4 课题训练

1. 课题题目：粉笔技法时装画作业一幅。
2. 课题要求：尝试技法的运用，半身人物表现，人物服装的款式、面料质地不限，4 开绘画用纸。

5.5 喷绘技法

图 5-32

喷绘技法是 20 世纪八、九十年代时装画的表现技法，属专业级的绘画设备，随着计算机绘图软件的迅速发展，喷绘技法逐渐远离人们的视野。但现在依然偶有喷绘时装画作品，很多人并不了解，因此有必要简要地加以介绍。

由于喷绘技法对绘画工具要求比较高，初学者很难达到，所以就不做具体的绘画案例示范了，也没有设置课题训练的环节。

5.5.1 喷绘用具介绍

喷绘的绘画用具主要是喷笔和气泵。喷笔为不锈钢材质，笔头是中空的钢针（气针），笔身下部接近笔尖处有一色斗与气针连接，笔身的另一端在色斗上部设有气嘴，与气针和气泵连接，气嘴的对应处是气针开关。使用时上提开关使空气通过气针，使色斗中的色彩在气流的作用下呈色雾装喷出笔尖进行绘画。表现细节时利用遮盖纸遮挡住不需要喷色之处，可结合毛笔进行绘制，如图 5-33 所示。

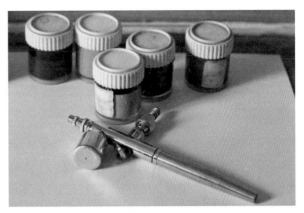

图 5-33

5.5.2 喷绘技法图例

喷绘是利用喷绘工具和水粉颜料进行的一种表现方法。绘制比较耗时，但是能够绘制得细致入微。也可和其他表现方法结合，进行局部的喷绘。

这幅肖像时装画为写实风格的喷绘技法时装画作品，人物的造型准确，人物、服装、风镜的质感表现极其到位，深入细腻，是一幅非常优秀的时装画作品，如图 5-34 所示。

这是一幅全身的喷绘时装作品，先对画面进行大面积的喷绘，表现出画面人的色调以及人物形象大的色彩和明暗关系，最后用毛笔描绘人物的局部造型，结合勾线表现出人物与服装的轮廓，再调整整体画面效果，如图 5-35 所示。

图 5-34

图 5-35

5.6 马克笔技法

马克笔具有绘制快速、使用方便的优点，一般用在服装设计的草图阶段或收集素材的阶段，技法类似于速写的表现方法，在时装画与服装效果图的技法实践中偶有运用。

5.6.1 工具介绍

马克笔有水性和油性之分。水性马克笔颜色亮丽、透明，颜色可叠加，色彩具有可溶性。油性马克笔快干、耐水、耐光性好，颜色可多次叠加。还有一种酒精性马克笔，其主要成分为颜料、酒精和树脂，因此具有一定的挥发性，应在通风良好的环境下使用。另外，马克笔还有尖头和扁头之分。尖头马克笔因其笔尖为纤维材质，亦称纤维型马克笔，笔锋锐利、硬朗。而扁头马克笔因其材质亦称发泡型马克笔，笔锋较宽，笔触较柔和，如图 5-36 所示。

图 5-36

5.6.2 技法特点

马克笔涂色后不能再涂改，因此每一步骤均应特别小心，避免画错而从头再来。

水性马克笔的特性是色彩可以重叠，可以达到丰富色彩效果的目的。但应避免颜色反复重叠，多次重叠会使画面色彩发暗、发灰，也会失掉其色彩的表现特性。也可趁第一遍色未干时快速涂第二遍色，可产生晕色的效果。

马克笔绘画可利用其他工具做出特殊效果，例如梳子、橡皮擦、刀片等做出各种特殊的效果。马克笔也可以与水彩、水粉、彩色铅笔绘画技法等结合，形成综合的表现技法。

马克笔技法多以线为造型的基础手段，也可采用排线法形成"面"。

5.6.3　绘画案例——晚礼服

1. 步骤一重点提示

　　铅笔起稿，铅笔软硬均可，因为深色和油性马克笔会遮盖住铅笔的线条，用浅色水性马克笔时，可用 H 铅笔起稿，以防露出底稿的铅笔线条痕迹，如图 5-37 所示。

2. 步骤二重点提示

　　由于马克笔为硬笔绘画工具，与软质毛笔表现技法上有很大的区别，故注意其技法应用的特点。可先用浅色马克笔涂出色彩明暗调子，切记马克笔不能涂改，所以不要画过了，画过了很难收拾，有可能这幅画就得重画，如图 5-38 所示。

图 5-37　　　　　　　　　　　　　　　　　　　图 5-38

3. 步骤三重点提示

　　水性马克笔色彩可以重叠，以达到丰富色彩效果的目的。待第一遍颜色干透后，再涂第二遍颜色，涂第二遍色要准确、快速，不要拖泥带水，以防将第一遍色翻起，而失去马克笔的干净透明、色彩亮丽的特点。也可趁第一遍色未干之际快速地涂第二遍色，以表现出色彩渐变的退晕效果，也可以采用无色的马克笔做出退晕的效果。

　　利用上述技法特点，画出服装的明暗立体感，注意此步骤可丰富水彩的变化，如图 5-39 所示。

4. 步骤四重点提示

　　表现人物和服装的细节造型，涂画背景，调整完成画面效果，如图 5-40 所示。

图 5-39

图 5-40

5.6.4 举一反三

此幅时装画为水性马克笔绘制，水性马克笔不具备色彩的覆盖性，但可以形成色彩之间的透明叠加，即色彩的"透色法"，如图 5-41 所示。

此幅时装画由油性马克笔绘制而成，油性马克笔由于含有油精成分，故有较强的覆盖性，因此也丰富了马克笔的技法手段，人物头发和服装的高光均由油性白色马克笔绘制完成，如图 5-42 所示。

图 5-41

图 5-42

5.7 综合性技法

　　综合表现技法是时装画经常运用的表现方法，这种表现方法的优点是能够最大限度地发挥各种表现方法的长处。例如以上我们谈到的油性颜料与水性颜料的结合，就能发挥各自的绘画性能优势。也可以在实践中进行多种尝试，创造出不同的表现方法与视觉效果。另外，此方法的困难之处在于各种绘画工具与性能在技法表现的和谐运用，如果产生不协调、技法的结合生硬等情况，就会导致综合技法的失败，如图5-43所示。

图 5-43

　　另外，还有运用素描、速写的表现方法进行时装画的艺术表现。在时装画学习中，经常作为基础训练的一种表现技法。也有些时装画家将其作为艺术创作的手段。由于此方法大家比较熟悉，在此就不进行详细介绍了。

质感篇

　　服装面料、材料的质感表现是时装画技法学习的重要环节，是时装画艺术表现的重要组成部分。一幅时装画作品，如果服装质感表现得不到位，也很难称得上是一幅优秀的时装画作品。因此，在时装画的学习实践中服装质感表现就成了四大核心内容之一。

第6章
传统面料服装质感表现

在时装画的艺术表现中，对服装质感的表现是非常重要的，是考量一位时装画家绘画水平高低的标准之一。

色彩、款式和面料称为服装设计的三要素，服装面料是服装设计重要的组成部分，也是时装画表现重要的表现对象，服装面料的质感是时装画所传达的重要信息，能够起到使观者直观感受服装材料的时尚美感。服装材料品种繁多，本章将就传统服装面料的质感技法表现进行讲述。

6.1 服装质感概述

　　服装面料品种繁多、质地各异，时装画与效果图不可能将其质感全部表现清楚，那将是非常困难的，也是无法完成的。时装画对服装质感的表现可从其外观质感特征上进行分类，从面料的风格特征的角度去表现其质感特点。

6.1.1 服装质感的特征

　　所谓服装质感，从织物风格的角度可归纳为三种风格，即织物的视觉风格、触觉风格和嗅觉风格。这里讲的服装质感所指的也就是服装面料的视觉风格特征，即通过视觉感受服装面料的光滑与粗涩、柔软与挺括、轻薄与厚重、坚韧与蓬松等质地特征。因此，服装质感就是通过视觉所感受到的服装材质的不同属性特征，如图 6-1 至图 6-4 所示。

图 6-1

图 6-2

图 6-3

图 6-4

　　另外，服装面料不仅只具备一种质感特征，更多情况是一种服装面料同时具备多种质感特征，例如丝绸就具有光滑、柔软、飘逸等质感特征，而薄纱也具有柔软、透明等质感特征，如图 6-5 和图 6-6 所示。因此，应分析面料质感的首要特征和次要特征，将其各质感特征综合考虑和表现。

图 6-5

图 6-6

● 6.1.2 时装画表现服装质感的作用

时装画是服装产业体系内的一个相对独立的画种，不同于纯绘画作品，其承载着引导大众的特殊的服装艺术审美功能的需要，既能够让普通受众欣赏和感受到时装画的艺术魅力，又不削弱时装画的艺术感染力，将艺术性与实用性完美地结合在一起，这其中对服装质感的表现是不可忽视的关键要素，既要让人看明白，同时又得到一种审美感受。因此，**服装质感就成为时装画的构成要素之一**，如图 6-7所示。

另一方面，在服装效果图的艺术表现中，由于服装效果图的"前瞻性的设计效果表现"的特点，服装的质感表现是否能够准确生动地展现出服装制作完成之后的穿着效果，服装质感的技法表现也就成为关键要素之一。由于服装效果图的实用性与快速的表现性的特征，一幅服装效果图不可能像一幅时装画作品那样有充裕的时间进行描绘，因此寻求快速、适用的艺术表现手段就成了服装效果图的主要任务，如图 6-8 所示。

图 6-7

图 6-8

6.1.3 服装质感表现与技法应用

服装是由各种不同质地的纺织品面料和材料制作而成的，这些纺织材料就其表面视觉效果而言，有轻薄与厚重、光滑与粗涩、柔软与挺括、飘逸与悬垂、透明与蓬松等方面的不同，前面提到过**这种由服装材料的表面视觉效果所产生的差异，将其称为服装的"质感"**。

在时装画的服装质感表现中，服装质感是通过一定的技法手段得以实现的。因此，**服装质感表现应与表现技法结合起来考虑。什么样的服装质感通过什么样的技法手段加以表现，是服装质感表现的核心问题**。

服装的质感表现应注意与表现技法联系起来。在时装画和服装效果图的艺术实践中，我们也总结出了许许多多行之有效的方法与表现手段。希望在实践中能发现、挖掘出更多、更好、行之有效的方法与手段来。

另外，服装的材料运用非常丰富、品目繁多。随着科技的发展与新的成果在纺织技术方面的应用，新的服装材料也是层出不穷，这也在表现技法上给我们不断地提出新课题。

下面就服装质感结合技法表现进行讲解和技法示范。

6.2 透明服装质感表现

使用棉、丝、化纤织物的纤维均可织造出透明的服装面料，例如乔其纱、缎条绢、蕾丝等，制成服装后具有轻薄透明、朦胧神秘的视觉效果。

● 6.2.1 透明服装的特点

透明服装面料，在服装设计中的应用范围非常广泛，是婚纱、礼服、女性时装的主要服装材料，例如白纱就是西式婚纱的主要面料，通常与丝绸结合使用。在女士礼服中透明面料也是经常应用的面料，例如晚礼服、鸡尾酒会服等。另外，在女子时装中透明型面料也为常用面料，特别是 20 世纪 90 年代兴起的"透视装"之后，女子时装的薄、透、露早已形成风尚，甚至打破季节的局限，不仅是夏季女装，其他季节亦有运用，也就是"反季节"的时尚风潮。因此，过去讲的"宁露勿透"的女装设计规则早已过时。

● 6.2.2 透明服装的表现技法

透明面料具有轻薄、透明的特点，所以穿着时能够朦胧、隐约地透露出人的体形特征，对于初学者在技法表现上具有一定的难度，其难点就在于人体结构与服装面料之间，技法表现上二者很难兼顾，往往是表现了服装而弱化了人体结构，或是强化了人体结构而忽视了服装。因此，**应使表层服装面料与人体结构结合起来进行表现**。

通过时装画家的艺术创作实践，在表现透明服装的技法方面，有以下几种表现技法。

1. 湿画法的运用

采取类似水彩的薄画法、湿画法为主的画法能够很好地表现薄纱的质感效果。表现时应控制好湿画法的干湿程度。太湿，水色淋漓而形难收；太干，形与色生硬得衔接不自然。因此，需要反复实践、摸索，才能取得良好的表现。

2. 透叠法的运用

透叠法属水彩表现技法中的干画法，运用透叠法进行透明服装面料的质感表现，也是非常行之有效的表现方法。虽然透叠法掌握起来比较容易，但是却容易产生技法干涩、缺乏灵动感的视觉印象，因此应注意与湿画法结合使用，一般在服装的暗部和需要"虚"的地方用湿画法，在服装受光部和需要"实"的地方用干画法。在应用湿画法时注意色彩的干湿程度的变化，色彩太湿把握不住造型，造型容易难于收拾，色彩太干又表现不出"虚实"变化的生动效果。所以，**应反复练习，把握好色彩干湿的变化。**

另外，色彩的干湿表现也与纸张的品质有关。有的水彩纸张吸水性比较强，画上去的色彩水分很快被纸张吸收，难于以湿画法进行表现。因此，应选择湿水性强的水彩纸，才能使色彩达到水色交融的表现效果。

3. 水粉颜料的技法运用

利用水粉颜料也能够很好地表现服装面料的透明质感。由于水粉颜料自身缺乏透明性，虽然可以运用类似水彩的技法，但是不如水彩表现效果得亮丽透明。通常利用色彩混合的技法表现服装面料的透明感。通俗地讲就是表层纱质服装的色彩与底层内衣或皮肤的色彩的混合色。但是这里讲的不是一个简单的公式，在运用技法表现时应视具体情况而定，技法表现不能机械、生硬、刻板，应根据明暗关系、结构关系、空间关系等因素，灵活掌握技法，争取做到若隐若现、虚实得当为佳。因此，虽然水粉厚画法也可以表现出透明面料的质感，但是表现起来比较困难，需要扎实的绘画基本功和技法手段的支持。所以应进行反复练习，才能熟练地掌握。

6.2.3　绘画案例——宁透勿露

1. 步骤一重点提示

　　由于纱质面料透明的特点，纱质面料服装的起稿应将人体结构与服装结合起来考虑，没有把握的初学者也可先画人体稿，再根据人体稿画出服装的款式造型。尤其是水彩的表现技法更是如此，不然会给后面的绘画步骤增添不必要的麻烦，甚至导致画面的效果无法收拾。实际上作画者应在起稿阶段养成一丝不苟的习惯，有经验的艺术家经常是一边起稿一边揣摩、酝酿后面的绘画技法应用。这就是起稿阶段做到"心中有数"的现实意义。在此增加了一个人体稿以供参考，如图6-9和图6-10所示。

图6-9　　　　　　　　　　　　　　　　　　　　　图6-10

2. 步骤二重点提示

　　先画出上身人体结构部分和下身丝绸面料的长裙部分，**注意用笔要概括**，不要在结构细节上过分地深入表现，形成整体画面大的关系。先不要急于表现上身纱质服装的造型细节部分，应先表现纱质服装下面的人体结构，可在个别地方与纱质服装结合起来进行表现，如图6-11所示。

3. 步骤三重点提示

　　深入表现结构细节，注意虚实关系，切勿面面俱到地平均表现。表现上身的纱质服装，先用含水量大一些的薄色画服装的最透明处，然后用含色较为饱满的色彩表现中间色，与暗部色彩结合起来进行表现。**然后待色彩见干时画出纱质服装的衣纹细节**，即最暗处，如图6-12所示。

图 6-11

图 6-12

4. 步骤四重点提示

最后，观察调整画面，主要是整体与局部的结构和虚实关系的调整，如图 6-13 所示。

6.2.4 举一反三

这两幅均是水彩技法的薄纱时装画作品，一幅写实深入，一幅为速写式。左图是一幅较为深入细致、绘画用时较长的写实风格作品，绘画步骤是先打好画稿，再对人物进行描绘，待色彩干透后再依照衣纹结构画出薄纱，薄纱服装质感表现得真实细腻。右侧一幅也是用水彩技法表现透明薄纱服装的时装画，采用了水彩透叠法的表现技法，即第一遍色干透后，再涂薄纱的颜色，这幅作品用笔迅速，一气呵成，如图 6-14 所示。

图 6-13

图 6-14

6.2.5 课题训练

1. 课题题目：表现透明面料服装人物着装效果时装画一幅。
2. 课题要求：表现出纱质服装轻薄、透明的质感效果。全身、半身均可。技法手段不限，4 开纸完成。

6.3 绸缎服装质感表现

6.3.1 绸缎服装的特点

绸缎服装具有华丽、柔顺、光滑的特点，根据织造工艺的差异有薄厚、品种的不同，视觉效果上具有飘逸感与悬垂感的差异。一般丝绸和真丝面料轻薄柔软、光亮滑润、飘逸感强，穿着时具有飘逸、洒脱的视觉印象；厚的绸缎面料则具有瀑布倾泻般的悬垂感，穿着时具有高雅华丽的效果。

6.3.2 绸缎服装的表现技法

绸缎的表现技法较多，水彩、水粉、彩色铅笔等均可表现出绸缎服装的质感效果。其中以水粉的薄厚结合、干湿结合的表现技法最为常见，能将绸缎的质地效果表现得惟妙惟肖。如果是以线为主表现丝绸面料服装，应注意线条要流畅、柔顺，避免刻板、生硬的线条，以表现出丝绸的光滑、柔顺的特点。

6.3.3 绘画案例——秀

1. 步骤一重点提示

根据技法表现的艺术视觉效果，决定画稿繁简。此幅时装画为水彩技法的画稿，所以应尽量将细节表现清楚。丝绸富于光泽、衣纹柔顺，注意衣纹的走向，如图 6-15 所示。

2. 步骤二重点提示

由于丝绸富于光泽、衣纹柔顺，着色应注意湿画法的运用，色彩衔接时过渡要自然。从受光部开始整体着色。由于是对整体色、形的表现，所以要用大一些的毛笔上色，例如大、中白云、水彩笔等，如图 6-16 所示。

图 6-15   图 6-16

3. 步骤三重点提示

对人物的结构、衣纹的形态进行具体刻画，毛笔可选择比之前步骤的小一些，控制水分、干湿技法的运用，表现衣纹时应注意衣纹的疏密、松紧的变化，如图 6-17 所示。

4. 步骤四重点提示

注意对个别细节部分进行重点刻画，例如腰部较密集的衣纹、面部、头发等部位。最后对整体画面的关系进行调整，如图 6-18 所示。

图 6-17　　　　　　　　　　　　　　　　　　图 6-18

6.3.4 举一反三

这是一幅以水彩技法表现的丝绸质感时装画。采取先湿后干的绘画步骤进行表现，先铺大体色，空出高光，再用较深的红色按照衣纹的走向进行绘画，人物形象进行了夸张的艺术处理，如图 6-19 所示。

这是一幅以水彩结合彩色铅笔来表现丝绸质感的时装画作品。起稿后先以水彩进行大面积渲染，待颜色干透后再用彩色铅笔对局部细节进行深入刻画，如图 6-20 所示。

图 6-19   图 6-20

6.3.5 课题训练

1. 课题题目：表现绸缎服装人物着装效果时装画一幅。
2. 课题要求：表现出绸缎服装华丽优雅、柔软亮滑、飘逸悬垂的质感效果。全身、半身均可。技法手段不限，4 开纸完成。

6.4 光泽服装质感表现——皮革

6.4.1 皮革服装的特点

皮革服装的特点是表面光滑柔顺，具有比较强的光泽感。皮革服装是以各种动物的皮加工制作而成的服装面料，再将其裁剪缝制成服装，或以人造皮革制作的服装，统称为皮革服装。动物皮革光泽柔和、高光过渡自然，衣纹柔缓；而人工皮革光泽强烈，高光过渡比较生硬，衣纹挺硬。

一般羊皮、牛皮、马皮、猪皮均可以加工成皮革，以羊皮制作的皮革服装最佳，其优劣品质与加工工艺相关。另外，麂皮面料无光泽，表面有绒毛。

6.4.2　皮革服装的表现技法

皮革服装具有表面光亮的特点，好的皮革服装质地柔软，具有绸缎般的效果。但由于其不是纺织面料，所以质地细密。因此，除了像绸缎那样对光感的表现手段外，表现出其质地细密、较厚重的特点是非常重要的。

高光与反光的表现是皮革服装表现上的另一个特点。也是所有光滑物体的共同表现特征，表现时高光是点睛之笔，不能滥用，要有惜墨如金的心态。另外，高光也不能画得太"死"，像贴在服装上的一块"膏药"。要与服装的明暗、光亮层次结合在一起，边缘不要像"刀切"的一样死板，过渡要柔和、自然。

技法表现手段比较丰富，绘画工具有水彩、水粉、彩色铅笔等，表现技法上以干湿结合画法最为方便有效。

6.4.3　绘画案例——俯视

1. 步骤一重点提示

此实例讲解水粉表现技法，因此铅笔起稿可稍概括一些，表现出人物着装形象的大体效果，稍加细节表现即可，如图 6-21 所示。

2. 步骤二重点提示

先以薄画法上色彩大调子，整体表现，**不要太关注结构细节，适当进行细节表现，一定要保持画面大的色彩关系**。此步骤基本未用厚画法，如图 6-22 所示。

图 6-21　　　　　　　　　　　　　　　　　图 6-22

3.步骤三重点提示

以厚画法进行局部细节的刻画，**注意与第一遍色的自然衔接**，衔接得过于生硬不利于皮革光滑、柔软的质感表现效果。注意皮革的衣纹的形态、高光、反光的表现。同时注意虚实关系的表现。最后调整完成，如图6-23所示。

6.4.4 举一反三

此幅时装画是以水粉技法完成的，用笔干净利落，毫无拖泥带水之感，明暗衔接过渡自然，皮革质感表现得非常到位，是一幅优秀的皮革质感时装画作品，如图6-24所示。

此幅时装画以水粉技法绘制，以写实的手法进行表现，以先薄后厚、先湿后干的步骤完成，极好地表现了皮革的质感，如图6-25所示。

图 6-23

图 6-24

图 6-25

6.4.5 课题训练

1.课题题目：表现皮革服装人物着装效果时装画一幅。

2.课题要求：表现出皮革服装柔软、光亮、厚重的质感效果。全身、半身均可。技法手段不限，4开纸完成。

6.5 毛绒服装质感表现——裘皮

6.5.1 裘皮服装的特点

裘皮服装是冬季御寒性极佳的服装，具有高雅、华贵的品质。裘皮服装多是各种动物的皮毛，例如水獭、貂皮、羊绒、兔皮等。随着人们环保与生态平衡意识的警醒，特别是国际上"动物保护运动"的理念已经深入人心，各种仿裘皮的技术应运而生，而且其科技含量也在日益提高。有些仿裘皮的服装技术，足以达到可以"乱真"的程度。皮革的仿真技术也是如此。

6.5.2 裘皮服装的表现技法

裘皮服装大多质地松软、毛质蓬松，但也有毛较短、较硬的裘皮服装，表现时应该加以区别。

从表现技法上讲，**裘皮服装的表现适合于水粉（或水彩）的干湿结合的画法**，更偏重于湿画法的艺术表现手段，再配合干画法进行收拾、整理。在湿画法中对水的控制是最为困难的。太湿，形与色均不易控制；太干，色彩之间很难融合、渗透，表现不出裘皮蓬松、柔软的质地效果。所以，应在反复实践中掌握水与色的特点，把握适当的干湿程度进行施色，才能获得令人满意的效果。

6.5.3 绘画案例——冬日时尚

此实例为水粉的技法表现实例，在质感技法表现中运用了湿画法、色彩渲染法、厚画法等表现技法。

1. 步骤一重点提示

虽然是水粉技法表现，由于想最终完成的效果为写实效果，所以铅笔稿画得也比较深入，目的是为进一步深入表现打下基础。当然，也可以画出人物的基本形象即可，这完全由最终的画面艺术效果所决定，如图 6-26 所示。

2. 步骤二重点提示

将人物形象进行大体的色彩表现，特别是裘皮服装开始采用了**色彩渲染法**，使色彩之间形成自然的相互融合、渗透，以表现裘皮服装蓬松、柔软的质感效果，如图 6-27 所示。

3. 步骤三重点提示

采用厚画法进行人物形象局部细节的表现。对人的头发、五官、裘皮服装的皮毛手部等进行刻画，用**色较厚以表现细节**，如图 6-28 所示。

图 6-26

4. 步骤四重点提示

对基本完成的画面进行调整。协调局部与整体、虚与实之间的关系。由于服装色彩较重，整体画面基本完成后，感觉有"头重脚轻"的视觉效果，因此将人物腿部添加一双黑丝袜，以平衡画面的整体视觉效果，如图 6-29 和图 6-30 所示。

图 6-27

图 6-28

图 6-29

图 6-30

6.5.4 举一反三

此幅画是以水彩技法绘制完成，裘皮材质的围巾先以湿画法铺大色，再用较尖的毛笔画边缘的毛，可一笔一笔反复勾画，也可将笔尖捻成排状，蘸色后沿围巾边沿勾画，中国画技法中称为"撕毛"，如图6-31所示。

此幅画以水粉技法表现，采取干湿结合的画法，表现出皮毛的蓬松感与柔软感，如图6-32所示。

此幅画采用水彩写实的表现方法，对人物头部和颈部的首饰品以及周边的裘皮表现得深入精细，成为整个画面的视觉中心，而下部的服装与背景则采取渲染法，表现得极为概括，如图6-33所示。

图 6-31　　　　　　　　　　图 6-32　　　　　　　　　　图 6-33

6.5.5 课题训练

1. 课题题目：表现裘皮服装人物着装效果时装画一幅。

2. 课题要求：表现出裘皮服装柔软、光亮、厚重的质感效果。全身、半身均可。技法手段不限，4开纸完成。

6.6 针织服装质感表现

6.6.1 针织服装的特点

针织服装是根据其纺织技术的特点而命名的。针织面料是由线圈相互穿套连接而成的织物，分为纬编和经编，纬编可以手工编织，而经编则必须由机械编织，针织面料是纺织织物的一大品种之一。针织面料具有较好的吸湿透气和舒适保暖的特点，且具有较强的弹性和收缩性。因此，针织服装具有两个突出的特征：一是针织服装能突显人的体形结构特征，比较紧身；二是有些针织服装表面纹理特点突出，表现其纹理特点是表现好针织服装的关键要素之一。

6.6.2 针织服装的表现技法

针织服装具有紧身贴体的特点，因此应突出人的体形特征，可直接在人体稿上勾画服装，再加上注意其针织纹理的效果表现，就能很好地表现出针织服装的特点。各种表现方法都能很好地表现出针织服装的效果，表现技法上可灵活多变，也可采用各种绘画工具混合使用。例如，先用彩色铅笔或油画棒画出其结构纹理的特点，然后再进行施色。

6.6.3 绘画案例——休闲时光

此绘画实例是以水彩表现技法为主要表现手段，结合油画棒绘制完成。

1. 步骤一重点提示

画出人物的基本形象，此步骤背景可画可不画，如图6-34所示。

2. 步骤二重点提示

由于画中的人物所穿着的针织服装具有比较柔软、略带短毛绒的效果，所以适于一次完成。本实例就是将上衣一次画完，其方法步骤如下：首先用油画棒顺着针织纹路走向画上受光部的纹理，然后再进行水彩的色彩表现，不仅能够表现出其明暗效果，也将其质感纹理表现得恰到好处。水彩表现时按照其衣纹结构的色彩关系表现就可以了，如图6-35所示。

图 6-34

图 6-35

3. 步骤三重点提示

进行整体的色彩表现。可概括一些，不要急于局部细节的表现，主要平衡与一次完成的针织上衣之间的色彩关系，如图 6-36 所示。

4. 步骤四重点提示

此步骤应先进行局部的细部刻画，例如五官、胸前的饰物等。然后再对背景的建筑物、天空以及整体的视觉效果进行调整，如图 6-37 所示。

图 6-36

图 6-37

6.6.4 举一反三

水彩结合水粉的表现技法，先画出整体的人物形象，再用白色水粉颜料画出针织质地的白色毛衣，另外靴子也用白色水粉颜料提出了亮部，如图 6-38 所示。

彩色铅笔表现技法，选择了粗面机制水彩纸绘制，利用纸张的表面纹理平涂色彩，以形成针织的质感效果，如图 6-39 所示。

图 6-38

图 6-39

6.6.5 课题训练

1. 课题题目：表现针织服装人物着装效果时装画一幅。

2. 课题要求：表现出针织服装的柔软感、弹性感和纹理感的质感效果。全身、半身均可。技法手段不限，4 开纸完成。

6.7 牛仔服装质感表现

牛仔服是广大的青少年消费者所喜爱的经典服装款式之一，也被称为"永不过时的服装"。因此，在每年的服装流行趋势中，都能看到有关牛仔时装的流行发布。设计师总是以新的艺术审美的独特视角，将牛仔装注入新的时尚元素。由于牛仔装是时装画和服装效果图中表现最频繁的服装之一，以及其质地效果在技法表现上的特殊性，所以我们应对其进行反复深入的技法实践，以加强对其质地效果的表现。

6.7.1 牛仔服装的表现技法

牛仔装的表现难点是其石磨、砂洗的工艺效果表现。如果用一般性的技法，虽然也可以表现得很好，但是比较费时费力，不能适应服装效果图的快捷、迅速的艺术表现特点。因此，一般多采取特殊的表现方法，可采用粗纹的水彩纸，用水彩先按服装的衣纹结构进行表现，待干后再用干净的毛笔（笔中含少量的水分），反复擦拭石磨的部分，蘸去色彩，透出底色（白纸），注意石磨部分边缘的自然过渡表现，便会快速地表现出牛仔装的石磨与水洗的效果。也可以运用干画法快速轻扫石磨、砂洗的部位，利用粗纹水彩纸的表面纹理制造出其质感效果。还可以先将牛仔装表现完成后，再用刀刮、砂纸打磨的方法表现出其石磨、砂洗的质感效果。因此，表现手段是多种多样的，应根据牛仔装自身的质感特点和水彩纸的特点选择适当的技法手段。

6.7.2 绘画案例——牛仔风情

此绘画实例以水彩技法表现为基础，并运用了"刮"的特殊技法来表现牛仔服装的石磨水洗的效果。

1. 步骤一重点提示

铅笔起稿，结构交代得比较清楚，如图 6-40 所示。

2. 步骤二重点提示

以水彩进行整体的色彩表现。给牛仔裤的大腿前面上完色后，用湿布进行擦拭，以表现水洗的效果，如图 6-41 所示。

图 6-40　　　　　　　　　　　　　　　　　图 6-41

3. 步骤三重点提示

深入表现，将衣纹、牛仔裤的明线、五官和头发表现清楚。再用小刀或硬物刮出石磨的效果，也有的用砂纸，如果是粗纹水彩纸，此方法效果极佳，如图 6-42 所示。

4. 步骤四重点提示

进一步对画面的效果进行调整，进行局部加强或减弱，如图 6-43 所示。

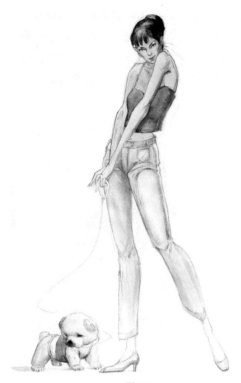

图 6-42

图 6-43

6.7.3 举一反三

　　水彩的表现技法，披肩用油画棒画出图案，然后再用水彩铺色画出衣纹。鲜艳的红色上衣用色饱满，一次性完成。牛仔裤颜色干透后，用刀子刮出牛仔石磨水洗的效果。最后，为了烘托画面气氛，用湿画法画出背景的建筑物，如图 6-44 所示。

6.7.4 课题训练

　　1. 课题题目：表现牛仔服装人物着装效果时装画一幅。
　　2. 课题要求：表现出牛仔服装的厚实、粗犷和石磨水洗的质感效果。全身、半身均可，技法手段不限，4 开纸完成。

6.8 精纺服装质感表现

6.8.1 精纺服装的特点

　　精纺与粗纺是指纺织纤维和纺织技术而言，精纺是指纤维精细、优良，纺织技术精良的服装面料，

图 6-44

主要是指精纺纯毛与毛混纺面料，其外观具有精细、平滑、挺括的特点，例如毛涤华达呢等高档服装面料，是制作高档服装的面料，例如西服、职业套装、女士套裙、礼服等服装，如图 6-45 所示。

6.8.2　精纺服装的表现技法

精纺服装应注意表现其高档、挺括、工艺精良的特征，色彩衔接要自然，用线不要拖泥带水，轮廓线要准确、干脆。一般水彩、水粉均能很好地表现其质感特点。水彩技法要先采用湿画法表现其质地细腻、挺括的特点。水粉的"覆盖性"能对服装的细节精雕细刻，所以也能很好地表现出精纺服装的质感效果。

6.8.3　绘画案例——商务正装

1. 步骤一重点提示

铅笔起稿，用线挺括，不要拖泥带水，以表现精纺服装的面料特征，如图 6-46 所示。

2. 步骤二重点提示

上色前先用干净的毛笔蘸清水将服装部分打湿，再用另一支笔调色趁湿上色，上色时应顺着服装造型和衣纹的走向行笔，注意要空出高光，如图 6-47 所示。

图 6-45

图 6-46

图 6-47

3. 步骤三重点提示

画出头部、衬衣、领带、箱包等其他局部，此时依然需概括表现，不要画过头，待最后深入细节时再进行调整，如图 6-48 所示。

4. 步骤四重点提示

深入细节刻画，并结合勾线进一步进行造型表现，最后将背景打湿，趁湿用色彩渲染背景，再进行整体调整完成，如图 6-49 所示。

图 6-48

图 6-49

6.9 粗纺服装质感表现

6.9.1 粗纺服装的特点

粗纺是指纺织纤维较粗、纺织面料表面纹理比较清楚的服装面料，具有表面粗糙、有绒毛、杂色、混色、纺织结构比较清晰等特点，例如人字纹、格子纹、窗格纹、犬齿纹等。

由于现代审美时尚和全球气候转暖等因素的影响，近些年粗纺毛织物市场需求量下降，产量也随之大幅度下降，人们衣着更讲究轻量化，过去厚重的大衣呢、大纹哔叽、女装花呢均受到消费者的冷落，现在粗纺主要用于休闲装、外套大衣的制作，如图 6-50 所示。

图 6-50

6.9.2　粗纺服装的表现技法

　　粗纺由于多用于休闲装、外套等服装，服装的风格效果比较粗犷、随意。所以表现时也应不拘一格，画法比较丰富。有时可以综合多种工具与画法进行表现，如水粉与油画棒、水粉与彩色铅笔、水彩技法上的刮、擦、洗、磨等都能得心应手地加以应用。

6.9.3　绘画案例——怀旧时尚

1. 步骤一重点提示

　　铅笔起稿，注意粗纺服装表面粗糙且有一定厚度，因此衣纹较短、较厚实，如图 6-51 所示。

2. 步骤二重点提示

　　粗纺服装表现技法应为"先湿后干"，注意不要用湿画法满铺，从暗部过渡到受光部应采用"干画法"，表现时笔要干少醮色，可采取中国画的皴绘技法，以表现粗纺服装的粗涩感，如图 6-52 所示。

3. 步骤三重点提示

　　画出人物、衬衣、裤子等部位，注意用笔与精纺服装的技法运用上的差异，如图 6-53 所示。

4. 步骤四重点提示

　　此步骤应进行细节的刻画，对人物的头发、五官、衬衣等处进行深入刻画，特别是对粗纺花呢服装的格子图案进行表现，注意依然采取干画法进行表现。最后画上背景衬托人物，也使得画面效果更加丰富，如图 6-54 所示。当然，粗纺服装的格子图案的表现技法也可以与油画棒结合，即先用油画棒画出格子图案再铺颜色，也有很好的表现效果。

图 6-51

图 6-52

图 6-53

图 6-54

　　精纺面料与粗纺面料两者的风格特点有很大区别，因此在绘画表现时应注意其各自的质地、风格特点区别对待。

　　以上就传统服装面料质感技法表现结合绘画实例进行了讲解，并在每种服装质感后面设置了课题作业的环节，目的是希望广大读者能根据本书的服装质感技法表现示范讲解，掌握方法步骤，有目的地进行自学，以达到事半功倍的学习效果。

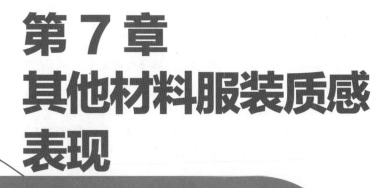

第7章
其他材料服装质感表现

在现代创意服装的设计中，服装设计大师对各种新材质的运用非常广泛，目的是发掘材质、提出元素、倡导流行、形成时尚。由此我们也总能看到或听到在各种时装设计大赛、时装流行发布会期间，新材质的开发与应用成为人们特别关注的热门话题之一。因此，除了常用的传统面料之外，各种新材质的表现也是时装画和服装效果图中的重点与难点部分。

7.1 特殊材料服装质感表现

这里我们用了"服装材料"一词,而非大家通常所讲的"服装面料",原因在于现代服装的用材已不仅仅限于纺织品面料,特别是创意服装设计,**各种新型服装材料被广泛应用**,我们熟知的国际著名的服装设计师三宅一生就是服装新材质的积极探索者。因此,本节用"服装材料"意在对服装质感的涵盖面更加宽泛。

◼ 7.1.1 仿金属服装质感表现

1. 仿金属服装的特点

仿金属面料是利用高科技制造的一种服装面料,由于仿金属面料是将金属经高科技拉丝处理制成金属纤维,而后再与其他纺织纤维混合,形成具有金属光泽的高档服装面料,因此亦称金属丝面料。仿金属面料一般为棉和涤纶或尼龙占 90% 左右,金属丝约占 3% ~ 8% 左右,一般在同等技术水平下,金属丝所占的比例越高其价格就越昂贵。由于纤维中植入了金属丝,面料表面呈现出一种金属所特有的光亮感,如图 7-1 和图 7-2 所示。

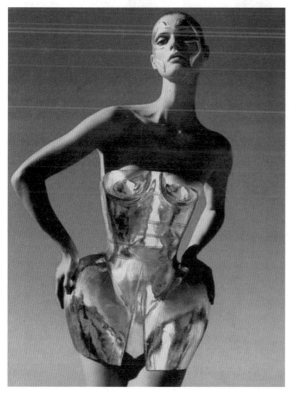

图 7-1

图 7-2

2. 仿金属服装的表现技法

仿金属面料一般多用于时装和舞台装的制作。表现时需要注意虽然其面料表面具有金属感,但是它又具有普通面料的柔软感,不能将其画得像金属一样坚硬,而让人看上去感觉服装很僵硬,缺乏"随身性"。

7.1.2 编织服装质感表现

1. 编织服装的特点

编织服装是指以各种"线"和"绳"为原材料所编织的服装，例如平时我们所穿的毛衣等。如今编织服装不仅仅限于传统的毛线，而这里讲的编织服装，是指以**各种纤维"绳"材料编织而成的服装**，相对于毛线编织的毛衣，区别在于原材料"绳"与"线"之间的差异，因此"绳编"与"线编"在编织手法、编织效果上也存在着很大的差异性。特别是创意服装设计，其"线"材料的选择范围更加广泛。另外，绳分为多种纤维，例如草、棉、麻、藤纤维等，如图7-3和图7-4所示。

图 7-3

图 7-4

2. 编织服装的表现技法

编织服装除了要注意其质感特点的表现之外，还要注意编织结构的某些细节的表现，以加强其质地的表现效果。可采取综合表现技法进行表现，以达到迅捷、快速的表现效果。例如可以先用油画棒画出受光处的编织结构，然后再进行渲染、着色。

7.1.3 防雨绸服装质感表现

1. 防雨绸服装的特点

防雨绸属于纺织面料，与其他服装面料比较具有一定的独特性，还具有**防透水性能**。防雨绸有两种面料，一种是涤纶，具有不易掉色、也不易染色的特点；另一种面料是锦纶，俗称尼龙，亦称尼龙绸，可以用酸性染料或活性染料来染色。尼龙绸的缺点是不耐高温，高温熨烫会产生不可逆的缩皱。

防雨绸不仅可用来制作**雨衣**，也可用于**时装、旅行服**的制作，具有轻便、防雨的特点，如图 7-5 所示。

2. 防雨绸服装的表现技法

防雨绸服装的质感特点也有所不同，由于其纺织纤维的差异，也有无光泽与有光泽之分。有光泽的防雨绸服装的表现技法可参考皮革和绸缎的表现方法，表现时应注意它们之间的区别，皮革比较厚重、锦缎

图 7-5

柔软而具有悬垂感、丝绸轻薄而飘逸，而防雨绸则比较轻薄但质地较挺括，衣纹的线较直挺，不像绸缎那样曲缓柔畅。

7.1.4 羽毛服装质感表现

1. 羽毛服装的特点

鸟类的羽毛分为正羽、绒羽和毛羽三种类型。

正羽是鸟羽的一种，由羽轴和羽瓣组成，羽轴上生着许多羽瓣，对飞翔与平衡起决定作用。正羽可制作成羽毛扇子等生活用具。在服装设计中正羽可作为服装的装饰物应用，例如插在帽子上进行装饰，如图 7-6 所示。

绒羽生在雏鸟的体表及成鸟的正羽基部，又称棉羽，俗称绒毛。绒羽具有羽轴纤弱的特点，因此无法形成坚实的羽片。绒羽具有柔软蓬松、保温护体等作用，我们平常穿的羽绒服其主要原料就是鸭的绒羽。

毛羽最为纤细柔软，呈细软的毛发状，生在正羽与绒羽之中，是羽绒服的保暖材料。

羽毛除以上三种类型之外，还有一种叫纤羽，纤羽羽轴细而长，外形如毛发，具有保暖护体的作用，亦是羽绒

图 7-6

服的防寒保暖材料。

2. 羽毛服装的表现技法

各种鸟类的羽毛如今在时装中应用得极为广泛，羽毛由过去在创意服装中的设计尝试，已经走下 T 台应用于时装的设计中。羽毛具有轻盈、柔软、不沾水的特点，在服装设计中一般作为装饰性元素加以运用，很少作为服装整体材料应用，如图 7-7 所示。

图 7-7

纤细柔软的羽毛表现技法类似皮草服装技法，而鸟类正羽的翅羽、尾羽则应按其生长走向、花纹特点进行表现。

● 7.1.5 纸质服装质感表现

1. 纸质服装的特点

应该说各种纸质材料均可用于纸质服装的设计，只是纸质服装目前还处于尝试与探索阶段，仅限在服装创意和环保理念下的尝试应用，并没有真正走入时装市场的商业领域。究其原因，目前的纸材料还不具备服装面料的性能要求，随着科技的发展和提高，如果纸质材料具备了纺织面料的性能，那么极有可能在未来成为新型的服装材料。

纸张有的挺括、有的柔软、有的厚重、有的轻薄透明，纸张的这些特征具有纺织织物的某些特征属性，如图 7-8 和图 7-9 所示。

图 7-8

2. 纸质服装的表现技法

纸质服装的表现技法应根据其纸质的性能特点进行表现，不能一概而论。例如纸质挺括的纸张制作而成的服装，一般都具有线条清晰、折痕干净、挺直、明暗分明的形象特征；而以较柔顺的纸张制作的服装，与前者比较则以上特征较弱，虽然均具备折痕、明暗等特征，但整体造型效果较为松软，不是十分挺括。因此，技法表现上应视情况加以区分，如图 7-10 所示。

图 7-9

图 7-10

7.1.6　激光剪裁服装质感表现

1. 激光剪裁服装的特点

激光剪裁服装是近几年产生的新的服装剪裁技术，是利用激光切割各种服装材料的技术，开始只是一种现代的服装剪裁方式，后来由于电脑程序操控可裁剪出精准、干净、细小的形，具有剪纸图案般的造型效果。这一特点最早出现在高级时装领域，随着其技术逐渐成熟，成本逐渐降低，开始进入成衣时装的装饰设计中，如图 7-11 所示。

2. 激光剪裁服装的表现技法

激光剪裁服装在技法表现上有多种方法，应与绘画工具结合起来考虑。如果以水彩技法进行表现的话，技法大致有三种：方法一采取比较传统的表现方法，即先按照服装的造型形态、衣纹结构整体表现，然后再一点点"掏绘"出服装镂空图案。此方法适合写实风格长时间表现的时装画，对于镂空图案铺满整个服装的满花图案来讲，此方法显然"愚笨"了一些，如果服装中只有一组单独镂空

图 7-11

图案，此方法还比较适用。方法二是利用"留白液"进行技法综合表现，即先用留白液画于服装受光部镂空图案处，再进行整体绘画，待留白液和颜色干后揭去留白液，再结合暗部进行图案的绘制。方法三采取"省略写意法"，即不面面俱到地表现服装图案，而是示意性地进行表现，也可结合留白液进行绘制。如果以水粉技法表现镂空图案，技法表现上就比较方便，可以利用水粉颜料的覆盖力进行表现。

● 7.1.7 金属光片服装质感表现

1. 金属光片服装的特点

金属光片在时装中的应用已经比较普及，成衣时装中一般作为装饰图案的材料，女装比较常见，而在创意性高级女装中则作为面料使用，例如迪奥就有一套名为"印象派"的晚礼服，就是以金属光片串接而成，形成高贵、时尚、银光闪耀的艺术视觉效果，当然对设计工艺的要求非常严格，且费工费时，如图 7-12 所示。

另外，创意服装有时也直接用金属物进行装饰，例如已故国际顶尖服装设计师麦昆就曾经用汽车轮毂作为头部装饰，形成服装装置艺术效果，以强化设计理念，如图 7-13 所示。

图 7-12

图 7-13

2. 金属光片服装的表现技法

金属光片服装不管以何种绘画工具进行表现，均应按照"先整体后局部"的绘画步骤进行表现。即先整体地画出服装的高光、反光、明暗交界线等，注意金属光片服装反光很强，有时其反光的明度不次于高光的明度，这一点也是金属光片服装的鲜明特点。绘画时还应遵循"先湿后干"的技法程序进行，以表现出金属光片服装的光滑晶亮的质感特点。

7.1.8　特殊透明材料服装质感表现

现代创意服装往往选择新材料进行探索性设计，因此一些传统意义上的"非服装面料"就成为创意服装设计师的选择，当然这种选择并不是盲目的，而是针对设计的目的和时尚效果而展开。被称为"服装设计的创造家"的三宅一生正是各种新型材料的倡导者和实践者。

特殊透明材料服装具有透明、柔软、随身的特点，可能由于商业机密的缘故，目前还没有其材料的详细介绍和相关报道，因此还无法得知其原料构成，如图 7-14 所示。

三宅一生与他的设计团队经过长期反复的实验，最终将新型透明材料应用于自己品牌的成衣设计中，如图 7-15 所示。

图 7-14

图 7-15

以上介绍了 8 种服装特殊材料及其质感特点，实际上在创意服装中绝不仅限于此，其他特殊材料均有可能出现在主题化的创意服装设计中，对于这些特殊质感的服装，我们都应在时装画的学习中进行分析比较。

7.2　服装装饰类质感表现

除服装质感外，还有与人们着装形象相关的各种装饰类材质质感，大致可以分为如下三大类。

7.2.1　首饰质感表现

1. 首饰的作用

中国古代的首饰是指佩戴于头上的饰物，亦称"头面"，例如簪、钗、梳、冠等。而现代首饰的定义是以各种贵金属材料和宝玉石材料制成的人体装饰品，例如耳环、项链、手镯、脚镯等。这些人们在日常穿着中经常佩戴的首饰品，由各种不同的材质打造而成，例如金、银、木、珍珠、翡翠、玛瑙、琥珀、玉石等，与服装相配套起装饰美化作用。与此同时选用不同材质、不同款式的首饰，也能从一个侧面反映一个人的品位与爱好，进而传递出一种文化信息。另外，由于有些首饰的材料属于稀有材料，所以价格十分昂贵，例如鸽血红宝石、天然钻石、翡翠等，有甚者更是价值连城，故也有显示社会地位和财富的作用，如图 7-16 和图 7-17 所示。

图 7-16

图 7-17

2. 首饰质感的表现技法

　　首饰在时装画的表现中应起到"画龙点睛"的作用，通常情况下首饰应在对人物形象表现完成之后，再画首饰效果为宜。绘画时一般采取干画法，为了表现出某些首饰晶莹剔透的视觉效果，有时也采取局部湿画法进行表现。

　　首饰还应根据其质感特点进行表现，分析不同材质的首饰的类别，并加以比较找出它们的质感特征。例如金属与晶体的共同点是二者表面都有光泽，且质地比较坚硬，不同的是金属不透明，而晶体是透明的物质，具有晶莹剔透的视觉效果，透光性是其独有的特征。高光不是晶体的专利，所有的光滑物体在光的作用下都会形成高光，而晶体的反光具有一种"光的穿透性"，也就是"透光性"，透光性是其他物质所不具备的，抓住这一点就能比较好地表现出晶体的质感效果。金属中的不锈钢、黄铜也具有反光强烈的特点，但是其不具透光性的特征。

■ 7.2.2 服装配饰质感表现

1. 服装配饰的种类

　　服装配饰，从广义的角度讲就是为了时装的整体穿着效果而搭配的所有饰品，其中也包括前面我们所提到的首饰品。服装配饰从其部位上分可分为头饰、耳饰、颈饰、胸饰、肩饰、腰饰、臂饰、腿饰等。其中包括传统的首饰，例如项链、耳环、戒指、手镯等；也包括随着时代的发展而产生的新品种，例如领带、腰带、眼镜、胸花、腿饰等；除此之外，围巾、箱包、帽子等也属于服装配饰的组成部分。服装配饰的材质多样，种类繁杂，是服装设计表现的一种延展，已成为服装审美表现不可或缺的组成部分，在时装画创作中经常有所表现，如图 7-18 和图 7-19 所示。

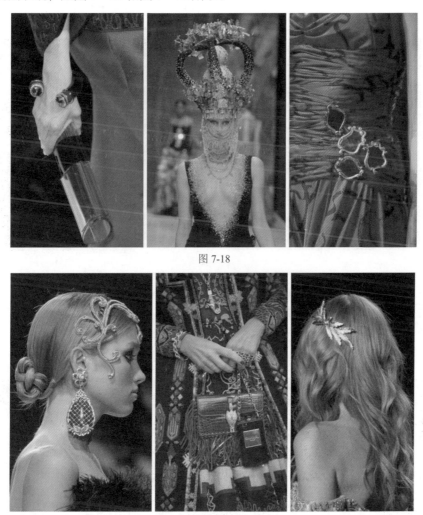

图 7-18

图 7-19

2. 服装配饰的表现技法

　　服装配饰的技法表现前面首饰部分已经讲过，在此不再重复。而其他配饰应与服装质感的表现技法相同，根据其材料质感进行表现即可。

7.2.3 服装立体装饰质感表现

1. 服装的立体装饰

服装立体装饰在现代服装中是经常采用的设计手法，特别是女装中的晚礼服、高级时装等比较常见，是装饰美化服装的主要设计手段。服装立体装饰的表现手法极为丰富多彩，例如立体花、褶裥、刺绣、珍珠绣、粘贴、镂空等。根据时装画技法表现的特点，可将服装立体装饰分为以下两大类表现方式。

第一类表现方式是利用服装面料制作而成的立体花、褶皱装饰等。一般是利用服装面料采取同色、同质制作，具有和谐统一的视觉效果；也可利用异色、异质制作立体花，以形成视觉上的对比与变化，如图 7-20 所示。

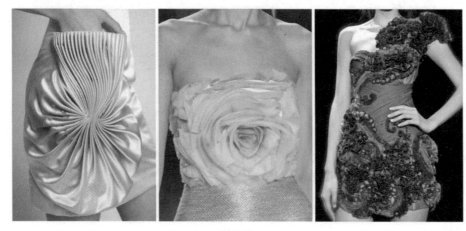

图 7-20

第二类表现方式是利用其他装饰材料进行美化装饰。这一类装饰手法极为丰富多彩，装饰材料也品类繁多，例如珍珠、钻石、水晶、玉石、金属光片等。当然这些装饰材料有天然与人工之分，天然材料是高级女装的用材，以天然装饰材料制作的服装价格不菲，甚至是令人咋舌的天价；而以人工装饰材料制作的服装多为普通时装，价格也比较亲民，如图 7-21 所示。

图 7-21

2. 立体装饰的表现技法

以上我们将服装立体装饰归纳为两大类表现方式，从技法表现角度而言，第一类表现方式由于其材质均为纺织面料，表现时应注意对其装饰形态重点表现，而面料质感参考第 6 章中常用服装面料质感表现即可。

这里对第二类表现方式进行重点解析。与首饰的点缀性装饰不同，立体装饰是以装饰材料大面积地对服装进行装饰美化的方式，或整体铺满服装形成图案，或局部形成装饰图案。因此在技法表现上也就不是"画龙点睛"的问题，而是需要从表现效果的角度做整体性的考虑。

其一应对其所用的装饰材料进行分析，掌握其质感特点的光滑度、光泽度、透光度等；其二要掌握其以何种工艺与服装连接、粘贴、缝制等；其三如何形成图案，形成何种图案；其四如何表现，采取何种技法进行表现。以上问题在绘画前均应有所思考，做到心中有数，胸有成竹。

7.3 特殊材料服装质感表现技法

由于服装立体装饰手法繁多，在这里无法逐一进行技法示范，仅对其中一种典型的金属亮片服装进行绘画案例技法示范。

7.3.1 绘画案例——汽车时代

众多的特殊材料在这里无法逐一示范，本绘画案例选择了具有典型特点的金属亮片服装进行技法示范，金属亮片技法至步骤二就是仿金属面料服装的技法表现，金属亮片服装是在步骤二的基础上，再进行亮片的细节刻画而成。本绘画案例以水彩技法绘制完成。

1. 步骤一重点提示

铅笔起稿，画出人物形象，如图 7-22 所示。

2. 步骤二重点提示

与前面大部分的绘画实例不同的是，此步骤需要一次性地以湿画法将金属服装的明暗、高光、反光的效果表现到位，不能拖泥带水，要一气呵成，不然则表现不出金属的光泽与质感，如图 7-23 所示。如果是仿金属服装，只需在此基础上略加调整即可。

3. 步骤三重点提示

深入细节，具体刻画。此套仿金属服装由金属亮片构成，因此此步骤需一片一片表现，特别是受光部分的表现。将背景的汽车进行色彩表现，如图 7-24 所示。

4. 步骤四重点提示

进行整体调整完成，如图 7-25 所示。

图 7-22

图 7-23

图 7-24

图 7-25

7.3.2 举一反三

　　此图为大家提供了一幅以表现玉石项链装饰品的时装画作品，画面的人物和服装以前面我们讲过的水彩表现技法完成，在此不做评论。玉石项链由多种玉石品种串接而成，色彩各异。由于玉石串珠较小，需要以小笔绘制，重要的是要表现出玉石串珠的高光和透光的效果，如图 7-26 所示。

图 7-26

7.3.3 课题训练

　　1. 课题题目：特殊质感时装画一幅。

　　2. 课题要求：选择一种特殊质感服装进行人物着装效果表现，要求表现出特殊服装的质感效果。全身、半身均可。技法手段不限，4 开纸完成。以上就服装特殊材料和装饰饰品质感进行了讲解，有的还结合绘画案例进行了技法示范，目的是希望广大读者能掌握绘画步骤和表现技法，从而有目的地进行学习，以达到良好的学习效果。

风格篇

　　时装画的风格可分为共性风格和个性风格。时装画的共性风格是根据对时装画家群体的分析与比较，归纳出具有某种相同特征的时装画家所做的风格定位；而个性风格是时装画家通过作品所反映出的个性气质、艺术特点和创作理念等方面的综合反映。

　　本篇将对时装画的风格与影响风格的形式与美感等问题进行分析与阐述。

第8章
时装画风格

时装画有多种不同的艺术风格，归纳起来大致可分5种艺术风格，即写实风格、夸张风格、变形风格、装饰风格和简约风格。这些时装画风格是通过对时装画画家群体的时装画作品的整合与归类，属于时装画的共性风格。另外，除了时装画的5种共性风格外，每一位时装画家均有着与众不同的个性风格特征，个性风格是时装画家在长期的艺术实践中逐渐形成的，带有鲜明的个性烙印。

本章将对时装画的共性风格以及时装画家的个性风格进行分析阐述。

8.1 共性风格

时装画风格是对时装画作品的分析比较，目的是归纳出时装画的共性特征，进而加强时装画学习的目的性。

时装画可分为**写实风格、夸张风格、变形风格、装饰风格、简约风格**共 5 种艺术表现风格。

8.1.1 写实风格

在绘画领域写实风格有着悠久的传统，从西方古典写实主义到 19 世纪的现实主义画派，均以表现现实的自然物质形态为基本的创作方式，以此方式进行创作的绘画统称为写实主义风格。

而时装画的写实风格也是由绘画艺术的写实主义风格传承而成，并与现代时装早期时装画传播服装时尚的作用有关，况且时装画并不是纯绘画艺术，属于商业美术的范畴，**写实风格的时装画能够准确、直接地传播服装时尚理念**，受众不需要有较高的绘画鉴赏能力和艺术领悟能力，便可以理解和认知时装画所传达的服装时尚理念。正如现代时装早期服装设计师与职业画家合作，以更好地宣传自己的设计作品一样，目的是更直观、明确地传达自己的设计理念。因此，时至今日写实风格的时装画依然是时装画重要的艺术风格之一。

写实风格的时装画是画家以"客观再现"的造型理念所进行的时装画创作，其创作手法是"真实地再现客观对象"，不对人物做夸张与变形的艺术处理。从艺术心理学的角度讲是画家对自然形态的满足感，认为自然形态已经非常完美，无须进行主观改变，只须再现客观形象即可。实际上写实地表现客观对象，不可能像摄影那样完全真实地拷贝客观对象，或多或少地带有画家主观的个性特点，这就是艺术家的个性风格特征。同为写实风格的时装画家，总是会带有各自不尽相同的个性特点，这种个性特点实际上就是画家对客观对象的艺术表现与改造。

写实风格的时装画一般具备如下几个特征。

1. 人体比例

人体比例稍做加长处理。经过对大量的时装画作品中的人体比例进行研究，写实风格的人体基本在 1∶8.5 的头身比例范围。这一比例基本相当于人类的理想身体比例。这里说的**"人体理想比例"**是指现实中人类能够达到的一种头身比例关系，是人们所向往的一种理想的美观的人体比例。实际上欧洲人种的这种理想人体比例关系比较平常，由于欧洲人普遍身材相对比较高，而头部相对显得比较小的原因，能够达到这一身体比例。亚洲人种相对于欧洲人种身材较矮，而头的大小又与欧洲人相仿，故亚洲人的普通人体比例在 1∶7 ～ 1∶7.5 之间。而亚洲人中身材比较高的人，也能达到 1∶8.5 的理想人体比例，甚至还能超过这一比例。由此看来，人体比例关系与人的身高有关，高个与矮个的头部大小基本一致，而高个的身体比矮个长，便形成了身体比例的差异。因此，时装画写实风格的人体比例关系正是现实中的"理想比例"。

2. 人体的结构与姿态

所谓人体的结构不变形，就是人体保持"理想比例"不做加长、缩短的变化，人体结构不做扭曲等变化处理。在人体动态上也不做人体自身不能达到的、运动极限之外的动态变化，也就是我们在第 2 章人体结构中所讲的"人体运动幅度"的极限，如图 8-1 所示。

3. 人物的表情

　　以写实的手法表现人的表情特征，**面部结构不做夸张、变形艺术处理**。对此有的人好像难于理解，如果我们多浏览一些夸张和变形风格的时装画作品并细心分析的话，理解起来就不困难了。为了服装时尚审美与设计表现效果的需要，夸张与变形的时装画，可以调动一切造型手段进行强化表现，其中就包括人的面部表情。而写实风格的时装画，因为不需要以此方式进行强化表现，写实表现就能够满足创意需求，所以不做夸张与变形的艺术处理。如图 8-2 所示就是人物结构的写实与变形对比。

图 8-1

图 8-2

4. 人与服装的写实表现

　　追求人体与服装结构形态的真实表现，追求服装的质感表现。正像上面我们提到的一样，为了服装时尚审美与设计表现效果的需要，夸张与变形的时装画可以调动一切造型手段进行强化表现，其中也包括服装造型。为了突出时尚创意，可以将宽大的服装表现得更宽大，修长的服装变得更修长。而写实只需真实的表达，如图 8-3 所示。

　　以上对写实风格时装画的特点做了几点分析说明，望读者在时装画的学习实践中多加体会。

5. 举一反三

　　这是一幅写实风格的时装画，对人物和服装进行了写实化的表现，强调人物形象的结构与明暗变化，色彩表现也比较强调固有色的真实感，如图 8-4 所示。

图 8-3

图 8-4

6. 课题作业

(1) 课题题目：写实风格时装画一幅。

(2) 课题要求：以写实的表现技法，将人物的结构、动态、着装效果表现得准确生动。技法手段不限，可选择各种技法手段进行表现，例如水彩、水粉、彩色铅笔等表现技法。全身、半身表现均可，4 开纸完成。

8.1.2 夸张风格

夸张风格是时装画中常见的一种艺术表现形式。在时装画的艺术表现上，时装画家们为了达到时尚创意的需求，经常以夸张的方式进行艺术表现，进而形成个性风格。

所谓"夸张"，在绘画艺术上是指为了达到视觉艺术效果的需要，**对客观形象进行主观的夸张艺术表现**，目的是突出艺术形象的表现力，表达创作者的艺术情感。其创作心理是对客观形象的不满足感，需要主观地进行艺术再创造、再加工。

另外，**时装画的夸张风格也是根据服装风格的表现效果需要**，对人与服装进行夸张性的主观表现。一般前瞻性、创意性、原创性比较强的服装设计，比较适宜以夸张的艺术手法进行表现，能够强化、突出设计者的设计个性，展现设计的创意效果，如图 8-5 所示。而如果是成衣服装，就不适宜用夸张的表现风格。此外，为了突出服装款式造型的需要所进行夸张的手法艺术表现。例如一款超短裙，尽管不是创意性非常强的设计，但由于款型的特点或突出年轻女孩的青春活力，利用将腿部加长的人物形象来突出超短裙的"短",既突出了服装款式的特点,也展现了年轻女孩的活泼可爱、美丽清纯的天性。因此,时装画采取什么样的风格,应根据表现内容来综合考虑。

时装画的夸张风格是在写实表现风格的基础上,在基本忠实于表现对象的基础上对人物所进行的夸张性的艺术表现。其夸张的艺术手法表现在以下几个方面。

1. 加长人体比例

夸张风格时装画的人体比例需要加长,也是服装行业审美的需要,人体的头身之比为 1∶9 ～ 1∶12 之间,即会产生人体夸张的艺术效果,如图 8-6 所示。

图 8-5

图 8-6

2. 人体动态、表情的夸张

夸张风格的时装画可对人物的动态进行夸张性表现,通常的做法是加大人体的运动幅度,但不能产生人体结构扭曲、动态失调、重心不平衡不稳定的视觉感受。要把握保持人物姿态的稳定,举例来说就好像经过专业训练的舞蹈演员,运动幅度大、姿态舒展、优美,但又是普通人达不到的动态。

3. 表现技法运用

夸张风格的时装画一般多采取写意性、概括性的艺术表现手法,正到与服装风格、人物形象等元素的和谐。但也不完全如此，也有的时装画家采取人物形象的夸张表现，而表现技法则采取写实化的、深入刻画的表现方式，亦具有非常独特的艺术效果。例如西班牙的时装画家阿图罗·埃琳娜的时装画作品，就是将人体比例拉得很长，基本达到 12 个头身左右，但在表现技法方面却细致入微、刻画深入，质感表现也非常到位。但由于采取了极为夸张的人体比例，整体效果上却具有夸张的艺术视觉效果。因此，"艺术没有固定的程式标准"，这句话在阿图罗·埃琳娜的时装画风格上得到了验证。

4. 服装造型的夸张性表现

实际上夸张风格对人体夸张表现，其目的还是着眼于对服装造型的夸张性表现上，以此突出服装形象的艺术表现效果，强化创意设计时尚观念。由于在前面写实风格的阐述中对此有过分析阐述，在此就不多赘述了。

5. 举一反三

这幅时装画的人物比例、面部结构均采用了夸张的表现手法，甚至对五官还做了变形的艺术处理，在发型、发色以及技法的表现上也强调这种夸张的氛围，人物手形采取了中国莫高窟敦煌壁画的人物造型表现方法，如图 8-7 所示。

图 8-7

6. 课题作业

(1) 课题题目：夸张风格时装画一幅。
(2) 课题要求：对人物的结构、动态和服装造型进行夸张性艺术表现。技法手段不限，可选择各种技法手段进行表现，例如水彩、水粉、彩色铅笔等表现技法。全身、半身表现均可，4 开纸完成。

8.1.3 变形风格

变形风格的时装画，是对人体做超出其自身结构与动态特征的变形性表现，是创作者不满足于忠实人体自然形态所进行的艺术表现再加工、再创造，是画家强调主观感受的一种艺术表现方式。**变形的艺术表现手法比夸张更极端**，夸张到一定的极限，即会产生变形的艺术效果。例如，如果将人体拉长或缩短超出人们视觉感受极限，就会产生人体变形的视觉效果。

与夸张风格一样，变形风格也是根据服装风格在艺术表现效果上的需要，对人物所进行的艺术变形的处理，以强化视觉形象，突出设计创意，目的是突出服装的造型特征及风格特征。只是与夸张风格相比，其对人体的主观改变更加极端和强烈。

因此，所谓变形是对人的形象与动态特征进行的艺术变形处理，变形可以从以下几个方面进行表现。

1. 人体比例

变形风格的时装画最通常的表现手法是将**人体比例加长**，在人体的头身之比上超过 1∶12 就会有变形的视觉感受。

也有反其道而行之的做法，即**将人体比例缩短**，一般是**局部比例的缩短**，例如将人的腿部缩短，其他结构部分或保持原样，或将手臂拉长等。将人体比例缩短是不太常用的变形方法，弄不好会使人产生不舒服的视觉印象，产生身体残疾的视觉联想，因此应慎重应用。关键是"变形的味道"和表现技法应用等方面的整体艺术表现，使人看上去"舒服"，没有产生"别扭"的感觉，说明变形就是成功的，如图 8-8 所示。

2. 人体结构、动态的变形

人体结构的变形有两个方面的要素。一是与人体比例的变化有关，**人体的加长与缩短就是对人体结构形态的变形**；二是对**人体结构形态扭曲变形**，例如将人的小腿表现得呈弧线弯曲状，以加强人物的变形效果。

所以人的结构、动态在表现上超出自然状态的，就会产生变形的视觉效果，如图 8-9 所示。

图 8-8

图 8-9

3. 变形表现无定式

变形风格的时装画在表现形式和艺术表现手法上应多加斟酌与思考，目的是达到形式与内容的和谐统一。

关键是对"变形的味道"的掌控。变形的味道是人物变形的效果、技法的运用、服装的风格等方面的综合体现。有句话叫作"只可意会不可言传"，因此这里无法给大家一个规范的变形模式，也无法用精准的语言表述清楚，这也说明了艺术无统一的定式，艺术需要不断创新的道理。希望初学者多看、多分析、多比较，如图8-10所示。

4. 举一反三

这幅变形风格的时装画作品将人物的头部画得非常小，没有五官等细节刻画，而服装却夸张得异常宽大，腿部也没有细节表现，只是一种视觉符号性的表现而已，进而形成了变形的视觉效果，如图8-11所示。

图 8-10

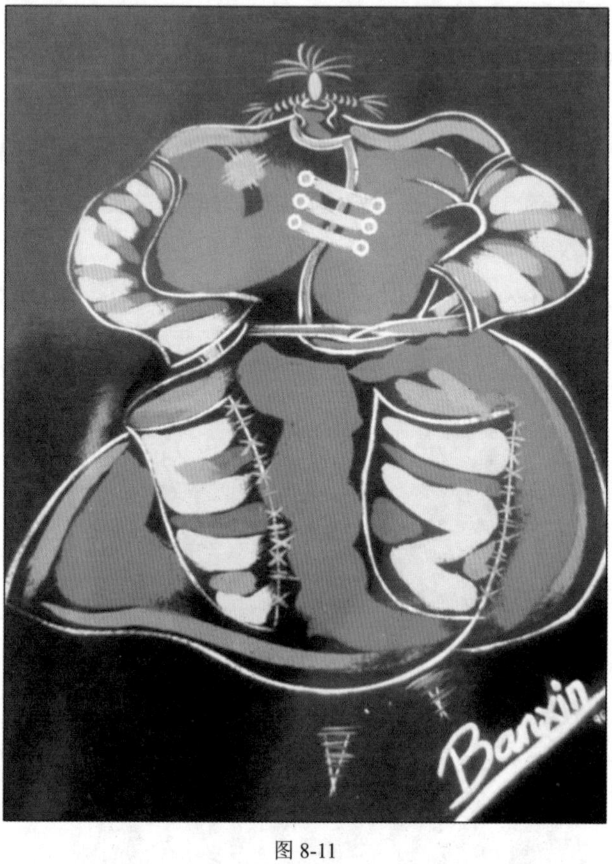

图 8-11

5. 课题作业

(1) 课题题目：变形风格时装画一幅。

(2) 课题要求：对人物的结构、动态进行夸张性艺术表现。技法手段不限，可选择各种技法手段进行表现，例如水彩、水粉、彩色铅笔等表现技法。全身、半身表现均可，4开纸完成。

8.1.4 装饰风格

时装画的装饰风格与服装自身的装饰性有直接关系，一般多用于具有一定的装饰效果的服装设计作品，例如服装图案自身的装饰性、服装造型自身的装饰性、服装饰品的装饰性等，都适于运用装饰风格的表现方法。

装饰风格的时装画应表现出一种**图案化的装饰美感**，其表现形式也介于装饰图案与绘画之间，具有一种独特的装饰美感和别开生面的艺术审美情趣。

1. 装饰风格时装画的艺术特点

(1) 强化装饰美感效果，突出造型形象的装饰性元素的表现，例如图案、饰品、发式、化妆等，如图8-12所示。

(2) 多用线与面的结合，以线勾勒出形象、以色彩填色成面，如图 8-13 所示。

图 8-12

图 8-13

(3) 平面化的特征。不追求体积、结构、明暗、空间、虚实等方面的艺术表现，以色彩"平涂勾线"的技法进行画面艺术形象的表现。

(4) 秩序化的特征。对形体关系进行归纳梳理，使其形成秩序化的形式美感，构成一种秩序化的单纯美。

综合以上特点，装饰风格的时装画构成一种装饰性、秩序化、图案化的视觉美感，如图 8-14 所示。

2. 举一反三

这是一幅以彩色铅笔绘制的装饰风格时装画作品，人物形象较为夸张，在不破坏装饰平面化效果表现的同时略施阴影，以加强画面的厚重感。另外，在色彩表现上发色、肤色的变化也增强了作品的装饰性，如图 8-15 所示。

图 8-14

图 8-15

3. 课题作业

(1) 课题题目：装饰风格时装画一幅。

(2) 课题要求：以装饰风格的表现方法，对画面形象进行装饰性的艺术表现。注意对人物形象的归纳梳理，应具秩序化、平面化、装饰化和理想美的视觉审美效果。技法手段不限，可选择各种技法手段进行表现，例如水彩、水粉、彩色铅笔等表现技法。全身、半身表现均可，4 开纸完成。

8.1.5 简约风格

简约风格亦称省略风格，即时装画创作中对艺术形象进行以少胜多、以简胜繁的艺术处理，对不必要的细节进行删减，对艺术形象进行高度概括性的艺术处理，是在艺术表现时做减法的一种造型表现方式。如果借用文学的形式来说明的话，那么写实风格如同小说语言，而简约风格则如同诗歌语言，精炼、概括，给人无限的遐想空间。表现时需抓住人物动态、服装造型的主要形式特征。简约风格表现不好往往会产生"空洞无物"的视觉效果，因此在运用上具有一定的难度。一般采取简约的艺术表现，应根据服装造型和艺术审美的需要，不能为了追求效果而盲目运用。

中国写意画理论中有一句话就是"意到笔不到"，用在时装画简约风格的创作上极为合适，这正是简约风格时装画追求的最高艺术境界。

1. 简约风格的主要表现方法

(1) 线面概括法

以线概括地勾勒出人物的基本形象，但并不要求面面俱到，有的地方可意到笔不到。然后进行色彩表现，依然不是全部对人物形象进行整体上色，而是概括性地对主要形象进行色彩表现。此表现方法可使画面的**主体形象更突出**，使主体形象形成画面中心，进而突显创作理念，也使画面效果更具趣味感，如图 8-16 所示。

(2) 剪影法

利用逆光的光影关系效果，使人物的轮廓形象形成"剪影"的视觉效果，然后对人物进行概括性的绘画表现。利用此表现方法应注意不要将人物形象画成简单的剪影效果，应根据人物形象内部结构的关系，将人物轮廓形象表现得**有实有虚**、**虚实得当**，如果把人物轮廓画得"僵硬死板"，就会给人简单、乏味的视觉印象。另外，"剪影"是有结构和色彩变化的，切勿"死黑"一片。英国时装画家大卫·当顿就是剪影法的表现高手，如图 8-17 所示。

图 8-16

图 8-17

(3) 局部结构省略法

有的时装画家利用局部结构省略法进行艺术创作，如图 8-18 所示。一般省略或简约的表现方法主要有以下几种办法。

- 简要地表现或不表现一些需要"虚"的结构部分，例如头的局部、五官局部、服装局部等。
- 简要地表现或不表现透视关系中后面的部分。
- 突显主体结构，简要地表现或不表现次要结构。
- 平面表现与立体表现相结合。

2. 举一反三

这幅时装画采取了极为简约的表现手法，人物未着色，头发廓形部分省略，服装只给一块平涂的大红色，因"有"与"无"、无色白与绚丽色的对比，使画面显得异常引人注目，进而产生美的感受，如图 8-19 所示。

图 8-18

图 8-19

3. 课题作业

(1) 课题题目：简约风格时装画一幅。

(2) 课题要求：对画面人物形象进行简约、省略的艺术表现。应在造型表现上做减法，可先将艺术形象表现得复杂一些，然后再逐渐舍弃，删减不必要的造型细节，删减到你认为不能够再删减为止，最终保留最精炼的造型元素。技法手段不限，可选择各种技法手段进行表现，例如水彩、水粉、彩色铅笔等表现技法。全身、半身表现均可，4 开纸完成。

8.2 个性风格

　　艺术作品的风格与艺术家的个性有着必不可分的关系，马克思曾经说过："风格即人"。中国古代很早就有很多关于艺术风格的阐述。西汉著名学者杨雄就曾经说过："言为心声，书为心画"。南北朝时期著名学者刘勰在其《文心雕龙》中也有过"各师成心，其异如面"的论述。这些古代文献讲的均与文学家、艺术家的个性风格密切相关。因此个性风格是通过艺术家的作品风格的相对稳定性，综合反应了艺术家的思想观念、精神面貌、个性气质等方面的内在精神世界的外化表现。

　　纵观国内外时装画家的作品，时装画家们在长期的艺术实践中都形成了各自不同的、区别于他人的、极具个性魅力的艺术风格特征，我们将这种风格特征称为个性风格。因此，我们所说的时装画个性风格，正是对时装画家们通过其时装画作品所进行的个性特征的划分归类。

8.2.1 时装画家的个性风格

时装画家的个性风格，是指对时装画家的个性特征的分析比较，以便在时装画学习的过程中找到自己的个性特点，最终能够形成自己的个性风格。

时装画家的**个性风格是在长期的艺术实践中逐渐形成的**，使其内在思想由作品的表现形式、技法手段、形象塑造以及用色习惯等多种要素综合形成。即便是相同风格类型的时装画家，也会反映出与众不同的个性风格特征。如图 8-20 所示，从左至右分别是卡洛琳·安德、大卫·当顿和娜迪亚的时装画作品，他们同属写实风格，但就各自的时装画作品而言，均能反映出区别于他人的个性风格。

图 8-20

虽然时装画可归纳出写实、夸张、变形、装饰、简约等不同形式的共性风格，但是作为时装画画家还是在创作上打上了与众不同的个性烙印。这些时装画画家或共性风格相同，或共性风格不同，但在表现风格上却大不相同，**细腻与粗犷、概括与洗练、工笔细描与写意奔放**等，均会表现出画家的个性风格特征，并且也会在作品的**技法运用、表现形式、用色习惯、作画方式、绘画步骤**等方面产生**个性差异**，进而形成不尽相同的个性风格特点。例如意大利的威拉蒙蒂虽然属于写实风格的时装画画家，但是他善于运用人物的肢体语言进行夸张性的效果表现，如表情、姿态上的夸张性表现等。而同属日本时装画画家的矢岛功和熊谷小次郎，在艺术风格上同为写实风格，对人物形象刻画、人的比例等方面，均以写实的艺术手法进行表现，但在表现技法、视觉效果等方面又有着各自不同的个性特征。前者善于用线，线的运用十分流畅自如、准确生动，在线的勾勒基础上略施淡彩而成。而后者则善于精雕细刻，有的作品介于以中国工笔画的艺术表现方法进行创作。因此，二者的个性表现特征是截然不同的，如图 8-21 所示。

非属同种风格的时装画画家的作品风格差异就更加明显了，具体反映在人物形象、表现手法、形式风格等诸多方面。如图 8-22 所示为三个风格迥异的时装画画家的作品，从左至右分别是斯洛伐克画家卡洛琳·安德、瑞典画家丽斯罗特·沃特金斯和西班牙画家阿图罗·埃琳娜的时装画作品。卡洛琳·安德的时装画作品属写实风格，人物造型准确生动，画面效果虚实得当，表现技法娴熟，用笔收放自如。丽斯罗特·沃特金斯的时装画属装饰风格，人物形象具有夸张变形的艺术表现效果，表现技法为平涂勾线，有时也在局部做色彩渲染，或做立体效果的晕染，并在画面中添加一些装饰性元素，整体风格上具有色彩艳丽、人物形象可爱有趣的艺术审美效果。而阿图罗·埃琳娜则属于夸张风格，其对人物形象夸张的程度甚至带有一种变形的意味，在技法运用上阿图罗·埃琳娜却采取写实主义的表现手法，对人物和服装在造型、质感等方面精雕细刻，进而形成自己具有个性魅力的风格特征。

图 8-21

图 8-22

另外，时装画画家在追求表现个性的同时也没有忘记时装画画家的重要责任，那就是传播服装时尚。所有时装画画家的个性风格均建立在时尚的基础上，不时尚也不能称其为时装画。因此，时装画画家们都尽其所能地将自己的时装画作品注入"时尚"的元素，如图 8-23 所示。

关于时装画画家的个性风格，在此不想谈更多的深奥理论，以上结合几位时装画画家的作品分析了其个性风格的特点，希望读者在时装画的学习中对时装画画家们的作品多进行分析对比、细心揣摩，不但分析表现技法的运用，还要揣摩其如何形成个性、如何诠释时尚，进而找出自己的个性特点，乃至形成风格。

图 8-23

8.2.2　个性特征与个性风格

在时装画的学习与实践过程中，"个性"的表现是不可回避的一个问题。在学院的教学中，发现同学们总会有意无意地试图表现或在表现中自然流露出自己的个性特点，这是非常正常的事情，个人的艺术表现特点在学习的初始阶段就已经逐渐表现出来，只是还不成熟、还不稳定，还处于探索与尝试的初级阶段。从某种意义上讲，个性的自然流露是非常难能可贵的，也是所有艺术家终生追求的目标。但是在时装画学习的初始阶段，应注意解决好模仿与借鉴、继承与发展之间的关系。借鉴与模仿不同，借鉴是为了更好的学习，因此借鉴有一个消化与吸收的过程，目的是汲取前人的艺术养分与精髓，进而融于自己的个性表现之中，使个性形成过程中具有一种传承与发展的关系。模仿是在学习之初必要的学习方法之一。随着个人艺术表现功力的逐渐成熟，模仿便成了个性形成的最大天敌与障碍。对模仿的过分依赖，会使一个艺术家不知不觉地走向平庸。因此，在艺术创作上切勿不加分析的模仿、照搬，久而久之仿效成为习惯，创作个性全无，损害创作者的个性发展与个性形成。对待传统和大师，应抱着继承、借鉴、批判、发展的态度，去粗取精、去伪存真，进而形成自己的个性风格。

个性风格的形成是长期艺术实践积累的过程，探索与尝试、求新求变总是好的，是个性形成的基础。借鉴与模仿是学习的必要过程，应该做"模仿"的"过客"，不要做它的"常住居民"，要走出平庸、走向成熟、完善个性、形成风格。

第9章
时装画的形式与美感

虽然时装画属商业美术的范畴，但作为绘画艺术的一个分支，其表现形式和美学原则依然应遵循绘画艺术表现规律。

本章就时装画的美感与形式问题进行分析与讲述，内容包括风格表现与技法表现、艺术性表现与应用性表现、背景与场景、构图等。

9.1 风格与技法表现

9.1.1 服装风格与时装画技法表现

个性风格不仅是艺术家们所追求的目标,服装设计师亦是如此,特别是原创服装设计师更是如此。而从时装画艺术表现的角度讲,服装的风格不同,所运用的表现技法与表现风格也就应该有所不同,二者应形成一个和谐统一的整体。通常情况下,一套正规社交场合穿着的西服套装,就不能以非常粗犷、写意的艺术表现方法进行表现,应尽可能地表现得深入、细致一些,以形成服装风格与技法表现之间的和谐统一。同样一套前卫的创意装,一般也不能以细腻、精到的表现手法进行表现,应表现得尽量挥洒自如、粗中有细。当然,艺术表现不能用一种统一的模式来规范,另辟蹊径也可能形成不一样的艺术表现效果,应视具体情况来决定表现方法与手段,这一点需要在艺术实践中不断地进行实践探索。

以下两幅时装画就是根据不同的服装风格在技法表现上的实践应用,如图9-1所示。

图 9-1

9.1.2 时装画风格与表现技法

时装画风格与技法表现应形成统一和谐的关系,也就是说表现技法是构成时装画风格的要素之一。一幅写实风格的时装画作品可以采取面面俱到、细腻入微的超写实主义艺术手法进行表现,也可以采取概括、简约的速写式的艺术表现手法进行表现,之所以有如此差异,一是与画家的艺术个性、技法习惯有关,二是与绘画的主题内容有关。个性风格是一位艺术家的生命,而根据主题内容如何采用适当的表现技法,则体现一位时装画画家的专业素养与水平。下图即为同一风格表现技法的差异,如图9-2所示。

图 9-2

需要指出的是，除了特别强调写实深入、细腻的时装画作品外，大多数时装画的写实与写意、粗犷与细腻、精细入微与挥洒自如之间是相对而言的。表现时应做到粗中有细、细中见粗、概括中有精致的刻画、细腻表现中又有高度的艺术概括，才能使画面具有耐人寻味的艺术表现力与感染力，如图 9-3 所示。

图 9-3

因此，在以写意、概括为基础的艺术表现中，要有引人入胜的深入刻画；在以写实、深入刻画为基础的艺术表现中，也应注意概括的艺术表现手法的运用，避免"匠气"，增强艺术表现力。

9.2 艺术性表现与应用性表现

艺术性表现是指在时装画艺术创作过程中以艺术审美为最终创作目的，采用丰富多变的艺术表现手法的创作行为。因此，任何表现技法的应用均是以提升时装画的艺术审美价值和时装画作品的艺术观赏价值为最终目的。时装画、时尚插画均是以艺术性表现来诠释时尚、传播时尚和引导时尚的艺术绘画形式，进而引起大众的艺术审美感受，提高人们的艺术鉴赏水平，如图 9-4 所示。

图 9-4

　　应用性表现是指服装效果图的绘画表现，与时装画相比二者的绘画目的存在差异，服装效果图的限制性条件更加严苛，服装效果图是以展现服装的设计效果、说明服装设计意图、展现设计穿着效果为目的的绘画形式，因此服装效果图均应以此为约束条件发挥作者的艺术技法水平，提高服装效果图的艺术审美功能，在技法的表现上既有实用层面的考虑，也有艺术层面的思考，如图 9-5 所示。

图 9-5

　　在此需要强调的是作为服装效果图，其主要起到服装设计制作之前的视觉效果展示作用，但一幅技艺精湛、具有一定的艺术感染力的服装效果图，也就具有了美学意义上的审美价值，其表现功能也就会从实用的层面向艺术审美的层面转变，成为一幅具有审美意义的时装画作品。另外，提高服装效果图的艺术审美价值，也是增强服装设计的表现力和艺术感染力的重要表现要素。

9.2.1 背景、场景表现

有的时装画作品根据画面艺术效果的需要，对背景和场景进行设置表现，其目的是增强画面的现场氛围感，更有利于传达时尚审美理念，从艺术表现的角度讲也使得画面的艺术效果更加丰富多样，进一步烘托人物形象，如图 9-6 所示。

图 9-6

通常情况下，时装画背景表现多用于创意性强的服装设计表现中，以增强艺术表现力，更多地采用色彩渲染的表现手法。而对于场景的表现，早期的服装插画一般均为人物设置一定的环境场景，以增强当时的时尚生活气息，现今的时装画则根据创作目的与表现效果的需要，进行一些"道具"性的场景设置，例如表现年轻人的前卫服装，可设置一些年轻人喜爱的生活场景和道具，像摩托车、滑旱冰、滑板等活动。演出服设计可采用手握麦克风演唱、跳舞、演奏乐器等形式进行场景表现，使画面更加生动、活跃、更具亲切感。

需要说明的是时装画道具、场景的设计一定要与绘画的内容、主题密切相关，应起到强化主题、衬托人物形象的目的，不能无原则地滥用，更不能画蛇添足，要引起观者的共鸣。因此，要做到突出主题、恰到好处，如图 9-7 所示。

图 9-7

9.2.2 时装画的构图

任何绘画艺术都有内容与形式的关系问题，而构图是时装画形式表现的重要构成，时装画的构图有一个重要的前提，就是应以表现服装的艺术时尚美感为核心，用于服装设计的服装效果图也是如此。

时装画的构图应遵循绘画艺术的构图基本法则，在以表现服装为核心的前提下，对表现内容的主次、平衡、位置、呼应等一系列关系进行合理布局。根据时装画的特点，时装画的构图大致需要注意以下几个方面。

1. 构图注意事项

(1) 以展示服装的时尚美感为目的

首先，时装画的构图应以表现服装的时尚美感为基础，以如何表现新的设计理念、突出服装的时尚元素、展现服装的时尚美感为前提进行构图布局。

(2) 画面的色彩与黑白关系

任何绘画形式均具有色彩与黑白的关系考虑，而色彩与黑白之于构图则反映出画面的轻重均衡的问题。根据色彩三要素属性，色彩具有深浅、浓淡和黑白灰的属性特征，因此在构图上就有一个色彩平衡的问题。形式美学的最高原则是"和谐统一"，其中包括对称与均衡、节奏与韵律、调和与对比等形式美法则，时装画的色彩与黑白在画面的布局，正是应符合这些美学原则，不然就会造成画面不和谐、不统一的视觉现象，从而画面失去平衡感、韵律感等形式美感。图 9-8 是大卫·当顿的时装画作品，浅淡的冷色调肤色与黑色使头发和服装形成了鲜明的对比关系，画面左上部头发的黑色块与画面右下部的服装黑色块，起到了一种画面平衡作用。背景的紫色块作为画面中的灰色，使服装、头发的黑与皮肤的白，形成了画面色彩的黑、白、灰的平衡作用。

图 9-8

(3) 画面的疏密关系

所谓画面的疏密关系，一是指画面布局上人与物的安排的疏密关系，二是指绘画造型表现上线条运用的疏密、松紧的关系。当然疏密关系属于内容与形式的表现问题，但究其根源却反映出绘画主题的表达问题。尤其是多人构图，人物之间的疏与密与主题的表现关系密切。线条的疏与密与造型形态和表现技法相关。图 9-9 是日本时装画家矢岛功的作品，看似四个人物并排站立，但由于背对观者的女子位于前面，与其他三人有空间距离，形成四人的空间疏密关系。

(4) 人物的姿态与位置

如果时装画是单人构图，就相对简单些，可根据服装的风格特点考虑人物的画面位置安排，通常单人构图的人物位于画面中轴线左右即可。对于多人构图的时装画来讲，一般将主要人物和服装安排在画面突出的位置，位于画面中心或中轴线附近，对其服装多进行强化表现，其他人物安排在次要位置，以起到烘托主要人物的作用。对主要人物的姿态表现也需多加经营，与其他人物在动与静、大与小、近与远等方面均应有所思考，如图 9-10 所示。

图 9-9

图 9-10

2. 单人构图

时装画最为常见的是单人构图。单人构图的方法相对简单，一般多采取中间构图的方法，上留天、下留地、兼顾左右。但中间构图人物的姿态不要太死板、太僵直，人物姿态上要有变化。如果服装造型、款式结构、外廓形线和色彩搭配均具有比较丰富的变化，那么对人物姿态的要求相对而言不太苛刻。但是如果是服装造型简约、廓形较窄的线形的服装造型，就需注意人物姿态的变化，可采取人体中轴线呈S 线形、肩线、臀线呈对应式斜线关系，手臂姿态要有变化，采取叉腰、展臂等动作，双腿最好呈一前一后的姿态。也可以采取背身、坐姿等姿态变化。总之单人构图容易产生单调乏味、缺乏变化的视觉印象，因此在构图与人物的姿态变化上应精心经营，如图 9-11 所示。

另外，根据人物的姿态、眼神和面部的朝向的变化，眼神与面部朝向的部分要留有更多的空间为好，这样人物的中心线也要相应地向左或向右移。如果人物的动态幅度大一些，人物的中心线应向右或向左移动的距离比较大，使单人构图形式效果更加富于变化。或设置一个生活场景和道具，人物参与其中，则平生一种生活趣味感，使人看上去更加亲切，人物姿态也会随之产生变化，如图 9-12 所示。

图 9-11

3. 双人构图

　　双人构图比单人构图要复杂些，问题有三：一是两个人在画面上的具体位置如何安排，二是两个人采取什么样的姿态，三是具体的构图形式。因此，应首先考虑处理好人物与画面的空间关系、人物的位置、占据空间的比例等问题。其次要注意两个人物的距离、姿态、二人之间如何建立联系等问题。一般情况下，两人保持近距离的联系，或形成肢体交叠，或以眼神建立联系，以创造画面视觉上的整体感，形成画面的整体印象，如图 9-13 所示。

图 9-12

图 9-13

但是如果有表现内容上的需要，也可以将两个人分开来构图，以形成一种别开生面的艺术构图形式，如图9-14所示。

一般作为设计用的服装效果图，两个人采取站立的姿态并有一些动态上的变化就可以了，再加上注意构图的基本规律就能符合服装效果图的构图的基本要求了。但是如作为时装画，这种构图与人物的动态就缺乏一些艺术表现力了，需在人物与空间的关系、场景、人的姿态、距离等方面做足文章，如图9-15所示。

图 9-14

图 9-15

4. 三人构图

三人构图形式上比单人、双人构图更加丰富多变，可以采取多种构图方式，大致分为以下几种。

(1) 一字型构图

三人按顺序排开，呈一字型。为了打破一字型构图的对称、呆板的视觉印象，一是必须使人物的姿态有所变化，三人的身体和面部朝向要根据需要进行安排，身体、眼神要有接触、有互动，将三人在画面上联系起来。二是利用空间、透视、黑白、虚实、色彩、技法等关系，打破一字型构图上的限制，形成丰富多变的艺术视觉效果，如图9-16所示。

(2) A 字型构图

三人在画面上的位置安排为 A字型，中间的人物在上，另外两人的位置分列左右，位置靠下。这是一种

图 9-16

稳定的三角形的构图。此构图方式依然注意利用人的姿态、空间关系、虚实关系等方法，破除其过于平

衡的呆板印象，如图 9-17 所示。

　　(3) V 字型构图

　　三人在画面上的位置安排与 A 字型构图相反，为 V 字型构图，呈倒三角形。中间的人物在下，其他两人的位置分列左右，位置靠上。此构图与 A 字型的视觉效果相反，呈不稳定的状态，视觉效果上更加活跃，如图 9-18 所示。

图 9-17　　　　　　　　　　　　　　　　　　图 9-18

　　(4) 斜一字型构图

　　在一字型构图基础上的一种变化，目的也是打破一字型构图的过于呆板与平衡，使构图形式上有所变化，视觉效果更加丰富多变，进而也能够形成一定的趣味性，如图 9-19 所示。

5. 多人构图

　　多人构图往往是系列服装设计的构图表现形式。由于系列服装设计一般是在一定的设计主题、设计目的的要求下所进行的设计，所以几套服装之间具有相同的风格特征。因此，首先要在构图上表现这种整体关系，也就有了人物的姿态、多人之间的动态关系、人物与空间等问题，如图 9-20 所示。

　　有的时装画将多人构图安排在一个现实的生活场景中，取得了很好的艺术表现效果，同时构图上也变得比较轻松、自然，如图 9-21 所示。

图 9-19   图 9-20

图 9-21

　　另外，与三人构图一样，可运用多种艺术表现形式，对构图形式进行丰富、补充，强化画面的艺术视觉效果，如图 9-22 所示。

图 9-22

6. 课题作业

(1) 课题题目：时装画构图练习。

(2) 课题要求：运用本节所讲的构图方法，对单人、双人、三人和多人表现出三种构图形式。线条勾勒、简略地表现即可，8 开纸完成。

以上是关于时装画的形式与美感的理论，希望读者在时装画和服装效果图的艺术实践中，不断探索、大胆尝试、灵活运用，并不断地发现问题和解决问题，争取在时装画的学习、创作实践中取得更大进步。

赏析篇

时装画的学习有很多途径和方法，其中向优秀的时装画家学习，从时装画家的作品中汲取养分，以丰富自己的艺术表现手段，提升技法表现能力和水平，是时装画学习的重要手段和途径。

此篇之所以定名为"赏析篇"而不是"欣赏篇"，其中对于时装画的学习者而言，在赞美、欣赏时装画家们的精美艺术作品的同时，更重要的是还要深究这赞美背后的原因本质，其中画家们超乎常人的时尚感受能力、高超的艺术表现能力以及绘画技法的运用能力，均需我们在拜读其作品的同时，怀揣敬意、潜心解读。

第 10 章
时装画作品赏析

时装画经过百年的发展过程，在世界范围内涌现了人数众多的优秀时装画家，他们与时装设计师一起引领着百年时尚的历史发展进程，并在艺术创作上形成了极具个性魅力的艺术风格。

在此精选了 12 位时装画家和他们优秀的时装画作品，其中绝大多数是活跃于当今时装画坛的画家。他们都有着良好的绘画表现力，以时尚审美的特殊艺术视角与感受力，来诠释对服装时尚的理解，并形成了各自不同的艺术表现特征。

通过对这些时尚画家作品的分析解读，使我们的学习实践目标更加清晰、明确，达到事半功倍的学习效果。

10.1 英国时尚画家大卫·当顿 (David Downton)

10.1.1 画家简介

1959 年生于英国，其所学习专业是平面设计，毕业后专门从事时装插画创作。起初只是出于个人爱好，其时装画才华并未完全展露，直至 1996 年大卫·当顿的时装画才华才得到《金融时报》的赏识，聘请其为《金融时报》绘制法国巴黎高级定制时装秀的时装插画作品，随即其时装画的艺术才华得到业内的广泛认可，并受到世界各顶级时尚媒体的竞相追捧，自此开启了大卫·当顿崭新的时装画事业，1997 年后为多家世界知名媒体和顶级时尚杂志创作时装画插图。至今依然活跃于世界时装画舞台，是当今最具实力和影响力的时尚插画艺术家之一，如图 10-1 所示。

10.1.2 艺术风格与特色

大卫·当顿的绘画艺术功底深厚，加之其对服装时尚特殊的洞察力和感受力，进而形成了独具个性魅力的时装画艺术风格。从其时装画的艺术特点上看，大卫·当顿无疑是一位写实风格的时装画家，其写实风格与技巧又与现代的时尚理念完美地融合在一起，因此欣赏大卫·当顿的时装画，不仅赞叹其生动感人的人物形象，也会折服于其精湛、娴熟的艺术表现技法，更会强烈地感受到一股时尚美感气息扑面而来，如图 10-2 所示。

大卫·当顿的时装画多以水彩、水粉的艺术形式进行创作，有的以色彩渲染结合线条的勾勒，有的直接以色彩概括地进行表现，也有的以底色画法平涂画面色彩，再以线勾勒出人物形象，表现技法灵活多变、运用自如，具有极强的艺术表现力和感染力。总体上体现出人物造型准确生动、时尚而富于魅力，表现技法纯熟、笔触灵动、色彩丰富明快、线条概括精炼，具有极高的艺术审美价值。

图 10-1

图 10-2

10.1.3 作品赏析

　　这是一幅以底色法创作的时装画作品，人物的形象与姿态非常准确生动，构图极为大胆，将人物的头部安排在画面的左上角，打破了单人构图的常规模式，使人物产生极强的动势，画面感觉也为之更加活跃。在技法表现上采取了"线面结合"的艺术手法，头部、肩背和手臂结合人体结构表现得严谨厚重、恰到好处，而服装则以线条勾勒，轻重缓急、虚实粗细、准确灵动地跃然纸面，具有极高的艺术审美价值，如图 10-3 所示。

　　这是一幅时装画肖像作品，人物的表情神态冷峻高傲，眼神极为生动传神。采取简约风格的"省略法"进行艺术处理，头发以大块的黑色涂色，其边缘处按照头发的动势与走向进行线条勾勒，使平涂的黑色立即产生活跃、灵动之感。整体画面以速写法完成，一块粉红色的腮红，即刻使人物产生一种时尚魅力，如图 10-4 所示。

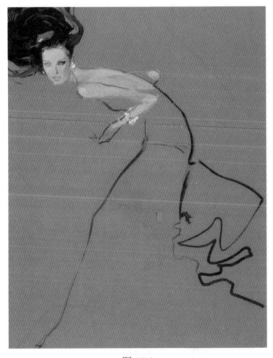

图 10-3

图 10-4

　　水彩是大卫·当顿最为喜爱的表现手法之一，此幅时装画正是以水彩技法创作完成，作品展现了大卫·当顿扎实的绘画表现功力，强调人物的光线处理，用笔洒脱、虚实得当，如图 10-5 所示。

　　这是大卫·当顿的一幅全身的人物时装画作品，以块面为主塑造人物形象，结合少量的线条，由于整体画面色彩浅淡，故头部背景处施以一块黑色，起到衬托人物、压住画面的作用，也使画面的构图形成一种平衡感，如图 10-6 所示。

　　这是一幅水粉颜料的底色法作品，先平涂人物，再勾画结构，最后对服装进行点绘以表现出服装的金属光片质感，如图 10-7 所示。

　　这是一幅简约的速写式时装画，以线为主，简单地对人物的面部、手部结构进行刻画，服装未着底色，直接用色彩对服装图案进行"写意性"绘制，如图 10-8 所示。

图 10-5

图 10-6

图 10-7

图 10-8

10.2　法国时尚画家勒内·格鲁瓦 (Rene Gruau)

10.2.1　画家简介

　　勒内·格鲁瓦是 20 世纪早期的优秀时装画家。1909 年生于意大利，由于父母离异，还是少年的勒内·格鲁瓦随母亲前往法国巴黎生活，勒内·格鲁瓦少年时期就表现出超乎寻常的绘画天赋，15 岁便得到法国著名时尚杂志的赏识为其绘制时尚插画，可称得上是时装画界的"伊夫·圣洛朗"。在他的职业生涯期间，几乎与当时世界顶级的高级时装杂志均有过合作，并成为时尚帝国迪奥公司的御用插画师，成为 20 世纪最具影响力的时装插画大师之一，如图 10-9 所示。

图 10-9

10.2.2　艺术风格与特色

　　之所以选择勒内·格鲁瓦的时装画作品，一是勒内·格鲁瓦的时装画作品时至今日依然散发着一种时尚的艺术魅力，对于当今的时装画创作具有学习和借鉴的意义。二是与勒内·格鲁瓦同时期的其他著名时装画家国内介绍得比较多，而对勒内·格鲁瓦的介绍相对较少。鉴于此推荐勒内·格鲁瓦的时装画作品供大家学习借鉴。

　　勒内·格鲁瓦多以水彩、水粉为绘画表现手段，以线条和色彩来表达他内心对时尚的体验与感知，并结合了东方的绘画风格与技法，善于以"线"塑造人物形象，流畅的线条勾勒出修身、高雅、大气的女性曲线。他曾说："线条就是我的风格。一条线，正是所有艺术的基础。一条单线可以勾画出大小、高贵和感觉"。在色彩的运用上或渲染，或平涂，结合线的运用，或精致，或粗犷，产生了丰富多变的艺术视觉效果，如图 10-10 所示。

图 10-10

10.2.3　作品赏析

　　这幅时装画表现了 20 世纪早期上流阶层社会交际的生活画面，一群绅士装扮的男性围绕着一位打扮入时的"摩登女郎",或是正在欣赏她的美,或是被她的时髦装扮所吸引,或是正准备邀请她一起共舞。大部分画面被绅士们的黑色礼服所占据,使得时髦女子的红色礼服被映衬得异常醒目,而绅士们的服装只是黑色剪影,以突出女子的红色礼服,整体画面设计极为巧妙、有趣,使人产生各种猜想,如图 10-11 所示。

画面中的两位女子身着礼服,透露出一种高雅时尚的气息,抑或于 T 型台走秀,抑或正出入于高级社交场所。这幅时装画以水彩技法完成,先表现出人物的结构与色彩的关系,再以线进行勾勒来表现人物和服装的造型细节,整体上表现出技法娴熟、用笔讲究的艺术特征,如图 10-12 所示。

图 10-11

图 10-12

这幅时装画作品表现了一位年轻女子活泼可爱的青春活力,头发被风高高吹起,表情开朗、动态活泼。人物的技法表现近乎于平涂勾线,只是对人物的面部、手部做了明暗的艺术处理,背景以大笔进行色彩渲染,趁湿以小笔重色沿人物外形廓线勾画,以突出人物造型,如图 10-13 所示。

这幅时装画看似是一幅底色法的时装画作品,但仔细分析却不然,通过前排女子胸前黄色的胸花便可看出其运用的技法手段,因为胸花施色较薄,无法覆盖深色,而后排女子的黄色胸花明显有画背景时"掏画"的痕迹。因此,这幅画作画的步骤应该是先在白纸上画出人物形象,再以蓝灰色沿人物廓形平铺背景,最后以黑色画出人物的投影,如图 10-14 所示。

图 10-13

图 10-14

10.3 西班牙时尚画家阿图罗·埃琳娜 (Arturo Elena)

10.3.1 画家简介

　　1958 年，时尚画家阿图罗·埃琳娜出生于西班牙。阿图罗·埃琳娜本是一名比较成功的服装设计师，20 世纪 80 年代一直活跃于服装设计领域，直至 1992 年，受何塞·路易斯和何塞·维克多之托，为其时装秀和香水系列进行时尚插画宣传，经媒体的广泛传播，阿图罗·埃琳娜的时装画名声大噪，并一举确立了其时尚插画家的地位。自此阿图罗转行专攻时装绘画的创作，其作品也时常见诸于各大时尚媒体，名声远播世界各地。

10.3.2 艺术风格与特色

　　阿图罗·埃琳娜在时装画创作上可以说是无师自通、自学成才，也许正因为如此，阿图罗·埃琳娜的时装画形成了非常独特鲜明的艺术个性风格，可以称得上是自成一家、独具一格。阿图罗·埃琳娜笔下的时装画女性形象，大多呈现出体形夸张、纤细妖媚、骨感美艳、略带一丝邪气俏皮的视觉效果，具有使人过目不忘的艺术感召力，这种鲜明的个性风格特征也是时尚插画家最可贵的品质，如图 10-15 所示。

　　阿图罗·埃琳娜在色彩的运用上极为大胆，对比强烈。虽然采取极度夸张的人体比例，却以极具写实的艺术表现手法对人物形象进行描绘，强调人物的明暗素描关系和服装的质感表现。这一点也形成了其作品的又一大特色，如图 10-16 所示。

图 10-15

图 10-16

阿图罗·埃琳娜在表现技法运用上，采用了油墨颜色进行创作，基本采用了油画的表现技法，很少色彩渲染，一般均为较为精致地刻画表现。选用的绘画纸张也是一种特殊纸张，如图 10-17 所示。

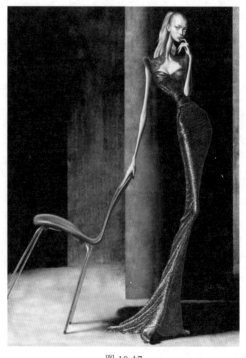

图 10-17

10.3.3 作品赏析

这是一幅典型的阿图罗·埃琳娜风格的时装画作品，高挑夸张的人体比例、骨感的身形、时尚妩媚的形象，加之模特身后的轿跑汽车，极好地诠释了现代都市上层职业女性的生活场景。虽然人体做了夸张的造型处理，但是技法手段上依然采取写实主义的艺术手法进行表现，如图 10-18 所示。

这幅时装画依然具有阿图罗·埃琳娜鲜明的个性特征，夸张的骨感人体和写实主义的表现手法，颈部的围巾随风飘动，打破了画面稳定感，为过于呆板的人物姿态和构图形式增添了活力，如图 10-19 所示。

图 10-18

图 10-19

10.4 时尚画家卡洛琳·安德 (Caroline Andrieu)

10.4.1 画家简介

时尚女画家卡洛琳·安德是斯洛伐克人，就读于法国设计学校，毕业后定居法国，专门从事时装画的创作，因此多数媒体称其为法国时尚插画家。目前担任某时尚网的艺术编辑，是活跃在时装插画领域的年轻一代时装画画家，如图 10-20 所示。

图 10-20

10.4.2 艺术风格与特色

卡洛琳·安德有着扎实的绘画功底，她的时装画人物造型准确生动、大气时尚，对人物的刻画收放自如，精细表现却毫无匠气之感，是一位不可多得的写实风格的实力派年轻时装画画家，如图 10-21 所示。

卡洛琳·安德主要以水彩进行时装画的创作，也时常以水彩结合彩色铅笔进行创作，先用彩色铅笔对人物造型细节进行深入刻画表现到位，再以水彩颜色进行色彩渲染，如图 10-22 所示。

图 10-21

图 10-22

卡洛琳·安德有时也用其他绘画工具作画，水粉颜料、钢笔、铅笔等更是信手拈来、运用自如。

10.4.3 作品赏析

这是一幅用铅笔绘制的时装画作品，采取素描的表现方法，头发顺其走向以线绘制，表现得柔顺飘逸，面部除五官外未着笔墨，以表现人物细腻白嫩的皮肤质感。服装图案进行了精细描绘，使整体看上去虚实相间、收放自如，如图 10-23 所示。

此幅时装画运用了铅笔与水彩结合的表现技法，先用铅笔以素描法表现人物，再用水彩画出头发、服装等处。人物造型结构准确，表现了画家扎实的绘画功力，如图 10-24 所示。

图 10-23

此幅时装画以碳铅笔与水彩结合完成，先用碳铅笔画出人物，再以水彩渲染，如图 10-25 所示。

图 10-24

图 10-25

10.5 俄罗斯插画家娜迪亚 (Nadia Coolrista)

10.5.1 画家简介

娜迪亚是一位俄罗斯时装画画家，近几年开始在网络上走红，在她的笔下很多国际当红的时尚界名人成为绘画的主角，例如超模维多利亚·波尼亚、北美女歌手蕾哈娜、"老型男"尼克·伍斯特等时尚界名人。另外，还绘制一些生活中的人物街拍以及肖像画。

10.5.2 艺术风格与特色

娜迪亚是一位极具绘画功力的写实风格的时装画家，擅长用彩色铅笔绘制时装画，而基本不与其他绘画工具结合，偶有作品以水彩作为辅助手段，在人物局部稍微施加进行渲染即可，如人物头发的染色效果的表现。由于她多以素描的表现手法进行创作，有时为了突出服装的时尚效果，往往以单纯的水彩色对人物的服装施加色彩，形成一种黑白画面中"色"的视觉趣味中心，进而彰显了时尚理念，如图 10-26 所示。

图 10-26

另外，娜迪亚对人物造型把握得准确、生动，且富有时尚审美的艺术魅力。

10.5.3 作品赏析

这幅时装画的主角是喜剧演员布列塔尼·佛兰，这幅画也以喜剧化的构思来诠释这位喜剧演员的艺术人生，布列塔尼·佛兰的形象在画中反复出现，形成极为活泼有趣的画面。人物以黑白素描表现，而人物的帽子和服装图案则以色彩表现，如图 10-27 所示。

这幅画的主角是波兰时尚博主朱丽叶，娜迪亚依然用她擅长的绘画工具彩色铅笔绘制，而后再用水彩渲染而成，人物造型准确生动，皮手套和服装质感均表现得十分到位，如图 10-28 所示。

图 10-27

图 10-28

10.6 澳大利亚时装画家凯丽·史密斯 (Kelly Smith)

10.6.1 画家简介

澳大利亚时装画家凯丽·史密斯毕业于澳大利亚塔斯马尼亚大学艺术学院，毕业后专注于时装画的创作，其创作的时装画作品受到时尚传媒的广泛热捧，具有极高的影响力，现在已成为时尚插画领域炙手可热的时尚画家。

10.6.2 艺术风格与特色

凯丽·史密斯具有扎实的绘画写实功力，她的时装画作品以写实为基本的创作风格，表现手法细腻而不拘谨、精细而不刻板，具有人物造型形象准确生动、清丽时尚的艺术视觉审美效果，如图 10-29 所示。

凯丽·史密斯的时装画虽以写实风格为基础，但在技法表现上却不拘一格、丰富多样，如素描法、速写法、省略法、底色法、平涂法、渲染法等，在其时装画作品中均有所表现。

凯丽·史密斯还时常在极具写实的人物表现中，以大面积的色彩挥洒背景或局部，从而使画面产生精细而不拘谨、细腻而不刻板的画面表现效果，如图 10-30 所示。

图 10-29

图 10-30

她的时装画作品的基本技法是以彩色铅笔为绘画工具，结合水彩、水粉进行创作，有时会结合一些其他材质进行拼贴处理，以加强画作的表现力和趣味性。

凯丽·史密斯的时装画还有一大特色，就是先以黑白素描完成对画面主体的表现，最后用色彩进行"点缀"处理，以起到突出主题、诠释时尚的作用，如图 10-31 所示。

10.6.3 作品赏析

这幅时装画中两个"克隆"人物一大一小安排于画面中，形成透视"近大远小"的空间距离感，人物的头部、手部以"素描法"进行表现，而服装则以平涂铺色的"剪影"方法完成，形成画面的技法对比，使服装视觉效果更突出，如图 10-32 所示。

这幅时装画从构图上便能看出"格子服装"是画家表现的重点，服装占据了画面的中央位置，人物只是它的陪衬。格子服装用水粉厚画平涂，人物以单色水彩处理，画面上方模特露出的半张脸以鲜红色涂抹红唇，加之红指甲的表现，进一步营造出时尚的氛围，如图 10-33 所示。

图 10-31

图 10-32   图 10-33

　　这幅时装画以画面中间为中轴线，左右人物及背景色彩完全对应，仔细观察除人物造型方向相反之外人物形象完全对位，背景的色彩渲染左右对位，但稍有差异，符合"色彩对印"的技法效果，如图 10-34 所示。

图 10-34

这幅时装画采取了凯丽·史密斯一贯的表现技法，即在黑白素描的基础上施以色彩，只是这幅画所施画色彩面积比较大，背景与服装颜色形成一体进行表现。步骤方法依然是先画人物，再用平头拍刷画出服装与背景的红色，最后待大面积的红色干透后，画出服装的造型，如图 10-35 所示。

图 10-35

10.7 美国时装画家凯蒂·罗杰斯 (Katie Rodgers)

10.7.1 画家简介

凯蒂·罗杰斯是美国时装画家，目前居住在纽约，前几年还只是 Reebok(锐步) 的一名实习生，近几年蹿红于网络，是一位极具人气的时尚博主，每天以时尚插画的方式与大家交流。现在已经为多个国际时尚品牌提供时装画，如她 (ELLE)、蔻驰、凯特·丝蓓、华伦天奴和资生堂等均是她的客户，如图 10-36 所示。

10.7.2 艺术风格与特色

凯蒂·罗杰斯的时装画风格比较写实，有时略带夸张，但总体上以"速写式"的表现技法绘制完成。在她的时装画作品中常以各种光片、水晶、蕾丝、金粉、花朵等装饰物粘贴于画面中，这些装饰物不仅仅起到装饰画面的作用，更重要的是这些材料替代了画笔起到了造型表现的作用，真实的装饰物与厚重的水粉色彩的巧妙融合，使画面产生亦真亦幻的奇妙视觉效

图 10-36

果，成为其时装画作品的不同寻常之处，也是其
时装画作品的一大特色，如图 10-37 所示。

另外，凯蒂·罗杰斯的部分作品画风简洁洒
脱，乍看上去很难将作者与女性联系起来，仔细
品味那精细的粘贴和细节描绘，则出卖了其女性
身份。实际上凯蒂·罗杰斯有着扎实的绘画功底，
从其一幅"双手"的作品中可见其深厚的绘画功力，
如图 10-38 所示。

凯蒂·罗杰斯通常以水粉颜料作画，因此在
技法表现上可薄可厚，可随性挥洒渲染，亦可以
厚画法进行深入细心雕琢，如图 10-39 所示。

图 10-37

图 10-38

图 10-39

10.7.3 作品赏析

这是一幅省略法的时装画作品，人物的表现极为写意简约，人物的裙子是用蕾丝粘贴而成的，如图 10-40 所示。

这幅时装画采取速写表现方法，先以水彩画出人物和服装，再将光片粘贴在服装上，画面效果清新雅致，具有一种现代的美感，如图 10-41 所示。

此幅时装画为写实风格，人物和服装表现得比较到位，具有明暗、虚实和水彩的变化，以水彩绘制，服装的亮部明显加了白粉，服装的图案以光片粘贴而成，如图 10-42 所示。

图 10-40

图 10-41

图 10-42

10.8 乌克兰时装画家阿列克谢·迪恩莫仁 (Alexey Yermolin)

10.8.1 画家简介

阿列克谢·迪恩莫仁 1975 年出生于乌克兰基辅，1999 年毕业于乌克兰艺术学院，现为乌克兰画家、时装画家和平面设计师。

10.8.2 艺术风格与特色

阿列克谢·迪恩莫仁的时装画属于写实风格，以水彩为基本表现手段，技法手段丰富、娴熟，用色艳丽，将水彩特有的"水味"把握得恰到好处，真正做到了"水色交融"的艺术视觉效果，而人物却把握得造型严谨、虚实得当，更不因追求水彩的"水味"而失去对人物形态的掌控。因此，阿列克谢·迪恩莫仁是水彩技法的高手，也是区别于其他时装画家的地方，如图 10-43 所示。

阿列克谢·迪恩莫仁的时装画色彩丰富、饱满，色彩和明暗的对比均比较强烈，以其纯熟、厚实的绘画功底，诠释出一种特色鲜明的时尚理念，如图 10-44 所示。

图 10-43   图 10-44

另外，阿列克谢·迪恩莫仁先用湿画法以水色饱满的笔结合纸张的湿润程度进行色彩渲染，待色彩干透后根据画面效果再画出人物和服装的结构，使水彩画的"水味"效果十足，虚实也得到了很好的表现，如图 10-45 所示。

图 10-45

● 10.8.3 作品赏析

　　这幅时装画的画面效果非常生动有趣，画面中景一位青春靓丽、衣着入时的女子正在对前景的一只鸽子对焦拍照，而后景是因受到惊扰正在四处飞起的鸽子，画家正是捕捉到了这一生动感人的生活场景的瞬间，表现于自己的时装画创作中。前景的鸽子与专注拍照的女子构成了画面中的"静"，而后景四处飞腾的鸽子构成了画面中的"动"，使画面形成了"静中有动"的视觉对比效果。另外，画家采取一贯的技法手段，以水彩先湿后干的作画程序，构图采取 S 方式，进一步诠释了绘画主题，如图 10-46 所示。

　　这是一幅水彩技法的时装画作品，表现了一位着装时尚的年轻女子或许正漫步于街头。技法依然以先湿后干的技法步骤绘制，服装上的条纹图案依衣纹起伏若隐若现，如图 10-47 所示。

图 10-46

图 10-47

10.9 法国时尚插画家玛莉卡法夫尔 (Mary kafafuer)

10.9.1 艺术风格与特色

法国时尚插画家玛莉卡法夫尔的时装画作品，以极富魅力的装饰画风享誉时尚画坛。其作品特点是不勾线，仅以平涂色块分割的方式建构人物形象画面，并将人物及其他造型形象进行几何化、秩序化的艺术处理，画面效果极具节奏韵律的秩序美感，形成了鲜明的个性艺术风格，如图 10-48 所示。

坦诚地讲，玛莉卡法夫尔的时装画作品的技法手段并不复杂和难于掌握，以水粉颜料调匀细心平涂于画面即可。然而，越看似简单的艺术表现方式，真正做到精彩也就越加困难，因为简洁、概括需要作者进行高度的艺术提炼与表现，需要作者对表现对象具有极高的艺术掌控能力，不然就很容易陷入简单、平庸的境地。高度的浓缩就是精华，就像诗的语言那样，赋予观者更多的艺术遐想空间，进而给人以艺术美感的视觉享受，如图 10-49 所示。

图 10-48

图 10-49

玛莉卡法夫尔的时装画，以装饰风格的艺术表达方式，在当今人才辈出的时尚画坛能够成就一番作为实属不易，也以此种艺术表达方式形成了独具个性魅力的绘画风格，如图 10-50 所示。

10.9.2 作品赏析

这幅时装画表现了模特于 T 型台上走秀的场景，采用了几何归纳、色彩平涂的装饰风格的典型表现方法，模特的头和服装均归纳为简单的几何形，而一前一后的模特服装似乎连为一体，如图 10-51 所示。

这幅时装画中几何形的归纳效果更为明显，画面构图为对称形式，人物姿态、服装在画面中处于完全对称的状态，只是人物头部采取全侧面姿态，使画面视觉效果产生一种变化，打破了对称所产生的呆板的视觉印象，如图 10-52 所示。

图 10-50

图 10-51

图 10-52

这是一幅表现一对年轻人在旅途中的生活场景的时装画，作品的题材是极易引起观者共鸣的表现题材，使人产生出门旅行时的种种记忆与联想。表现技法为装饰风格时装画经常采用的"色块平涂"法，而人物和其他物品的表现却并未采取装饰风格时装画经常运用的"几何归纳"的表现方法，而是更强调人物和物品的自然外廓形象特征，构成一种"别出心裁"的艺术表现效果，如图10-53所示。

图 10-53

10.10 瑞典时尚插画家丽斯罗特·沃特金斯 (Liselotte Watkins)

10.10.1 画家简介

瑞典的丽斯罗特·沃特金斯是活跃于当今时装画坛的著名时尚插画家。1990年毕业于美国德克萨斯的艺术学院，曾为多家国际品牌进行时尚插画设计宣传，其中包括路易威登、爱马仕、缪缪、罗伯特等国际知名品牌，并为多家世界权威时装杂志进行时尚插画创作，其中包括被称为时尚圣经的《时尚》、《ELLE》（她）等世界著名时尚杂志。

10.10.2 艺术风格与特色

丽斯罗特·沃特金斯的时尚插画与玛莉卡法夫尔同属装饰风格。但与玛莉卡法夫尔的表现手段不同的是，其采用的是"平涂勾线"的表现形式。线是以钢笔勾勒，不追求线的粗细、虚实、深浅的变化，而面则采取色彩晕染自然过渡的表现技法，以丰富人物形象和画面效果，一般是在人物的面部、头发、服装等处进行色彩晕染，以加强人物化妆、头发的质感和服装的衣纹与形态的造型变化，如图10-54所示。

丽斯罗特·沃特金斯的时尚插画一般色彩对比比较强烈，以强化时尚的感受力和视觉冲击力，如图10-55所示。

图 10-54

图 10-55

另外，丽斯罗特·沃特金斯还充分利用服装的造型与图案、人物的化妆、发型、饰物、画面背景等视觉元素，来加强画面的装饰性效果，进而形成了色彩强烈、时尚意味浓郁的艺术装饰效果，具有一种复古主义的时尚气息，如图 10-56 所示。

图 10-56

10.10.3 作品赏析

这幅时装画的人物造型是丽斯罗特·沃特金斯作品中比较写实的一幅，延续其一贯的"平涂勾线"基本表现手段，由于服装造型简洁，没有更多装饰元素，除在长手套上绘制了装饰图案外，还以彩色格子作为背景，以加强画面的装饰效果，如图 10-57 所示。

此幅作品依然以服装图案、背景等作为装饰元素，女子头发以线分组梳理，强调其装饰感，如图 10-58 所示。

图 10-57

图 10-58

这幅时装画对服装领子、袖子造型进行分色、分层表现，形成装饰性效果，而画面中鸟的表现也以装饰手法绘制，加之飘落的羽毛和飘动的丝带，加强了画面的动感效果，如图 10-59 所示。

图 10-59

10.11 葡萄牙时尚插画家安东尼奥·苏亚雷斯 (António Soares)

10.11.1 画家简介

葡萄牙时尚插画家安东尼奥·苏亚雷斯现居住在葡萄牙的波尔图市,有"天才的时尚画家"的美誉,是当今时装画坛知名的时尚插画家。

10.11.2 艺术风格与特色

安东尼奥·苏亚雷斯的时装画具有既简洁又细腻、既时尚又大气的艺术审美感受。他的绘画风格属写实性的表现手法,在对人物较为细致的刻画中,又不被造型细节捆住手脚,大胆地省略掉部分细节的表现,如服装、头发的局部造型常常被简化或省略,形成画面上的"留白",具有意到笔不到的艺术效果,也破除了写实表现所容易产生的那种"匠气感",如图 10-60 所示。

安东尼奥·苏亚雷斯以水彩为基本表现手段,在表现技法上需要深入表现刻画的地方不惜笔墨,而作者认为需要概括表现之处又能够做到惜墨如金，真正做到了"致广大而尽精微"的大开大合的艺术效果。安东尼奥·苏亚雷斯常常使用粗面水彩纸，以形成水彩特有的"飞白"技法效果。图 10-61 左图巧妙地利用粗面机制水彩纸的纹理，以"飞白"表现出"蕾丝上衣"的视觉效果。而图 10-61 右图则利用粗面纸以干画法快速行笔形成"飞白"效果，进而形成自然、豪放的视觉印象，具有挥洒自如、一气呵成的审美感受。

图 10-60

图 10-61

安东尼奥·苏亚雷斯在色彩的应用上也具有独到之处。他笔下的女性皮肤具有干净、白嫩、透明的视觉效果，这一点与其在表现女性皮肤质感时冷色调的色彩运用相关，具有都市职业女性的形象特征，如图 10-62 所示。

另外，安东尼奥·苏亚雷斯非常善于服装图案的表现，复杂多变的服装图案在他的时装画中总是表现得轻松自然，或精雕细刻，或挥洒渲染，有时寥寥数笔就将服装图案表现得恰到好处，如图 10-63 所示。

图 10-62

图 10-63

安东尼奥·苏亚雷斯的作画步骤是先将水彩纸裱于画板 (300g 以上水彩纸省略此步骤)，然后铅笔起稿，再上大体色，而后再深入刻画局部细节，最后整理完成，如图 10-64 所示。

图 10-64

10.11.3 作品赏析

这幅时装画以水彩技法完成，为了表现粗纺面料的粗糙质感效果，行笔较慢且有顿笔、回笔的技法，以形成色块边缘参差不齐的效果，与面部和腰带的用笔技法有着明显的区别，进而产生面部、腰带与服装质感的对比效果，如图 10-65 所示。

这幅时装画沿用了安东尼奥·苏亚雷斯的一贯风格，时尚的人物造型、画面"留白"的艺术处理、精细的五官和白皙的皮肤，此幅作品的独到之处是服装色块红、白、黑之间的对比效果，使人过目不忘，如图 10-66 所示。

这是一幅全身表现的时装画，服装图案与领口的立体花装饰是表现的重点，服装图案依据衣纹的起伏用笔较为轻松，对立体花的表现则着了更多的笔墨，表现得比较精细，金属光泽与质感表现得很到位，如图 10-67 所示。

图 10-65

图 10-66　　　　　　　　　　　　　图 10-67

10.12 法国时尚插画家艾洛蒂 (Elodie Nadreau)

10.12.1 艺术风格与特色

艾洛蒂是一位法国的时尚插画家，现居住在法国巴黎。艾洛蒂的时装画作品为写实风格，是以水彩为绘画表现手段，画风细腻深入，结合点与线的运用，形成点、线、面在造型上的巧妙融合。特别是"点绘"在造型表现上的技法运用，不但丰富了画面层次效果，也是塑造形象的重要表现要素之一，以此形成了时装画作品的个性风格特色，如图 10-68 所示。

图 10-68

另外，作为写实风格的画家，艾洛蒂有着良好的绘画功底，人物造型表现得十分准确到位。以线勾勒人物形象、以色彩渲染、以点加强明暗立体感，是艾洛蒂的时装画基本的表现方法，加之艾洛蒂经常以圆形、菱形对人物和背景进行装饰，又构成了一种装饰风格的味道，如图 10-69 所示。

艾洛蒂的勾线，线条流畅生动，具有一种律动之美。人物的色彩表现采取不见笔触的晕色方法，整体感觉类似中国的工笔人物画技法，如图 10-70 所示。

图 10-69

图 10-70

10.12.2 作品赏析

　　这幅时装画表现了一位忧郁伤感的少女形象，使观者怜香惜玉之情油然而生。人物采取写实主义表现方法，而在技法表现上具有装饰风格特点，头发的流畅线条、头饰和背景、服装等处的标志性圆点，均加强了画面的装饰效果，如图 10-71 所示。

图 10-71

　　这是一幅专为全球小朋友绘制的时装画作品，表现了亚洲、非洲和欧洲三种不同肤色的儿童形象，三位小朋友开心和谐地在一起，表现了画家天下大同、共生共存的美好愿望。表现技法具有画家典型的风格特征，如图 10-72 所示。

图 10-72

　　由于篇幅所限，在此不能将众多的优秀时装画家的作品逐一呈献，在此精心选取了世界各国 12 位优秀的时装画家及其作品进行了介绍，由于市面上介绍 20 世纪知名的时装画家的书籍较多，为了拓展读者的眼界以及便于读者了解当下时装画家的作品风格特点的需要，故此所选的大多数是如今当红的时装画画家和他们的作品。

　　另外，对名家的时装画作品应该抱着欣赏与研读的心态，最忌讳走马观花、蜻蜓点水。欣赏自不必说，关键是研读，在研读中有分析、有学习、有借鉴。如画家采取的绘画用品、技法手段、绘画步骤、表现形式、风格特征等，均应细心分析揣摩，必要时进行临摹学习。只有如此才能够取其精华，为我所用，这就是我们所说的"赏析"的目的所在。

参 考 文 献

[1] 翟维纳 . 画出来的时尚：百年时装插画大师 [M]. 北京：金城出版社，2012.

[2]（日）熊谷小次郎 . 时装广告画技法 [M]. 天津：天津人民美术出版社，2001.

[3]（美）荷加斯 . 运动人体画法 [M]. 上海：上海人民美术出版社，1979.

[4]（美）路米斯 . 人体素描 [M]. 沈阳：辽宁美术出版社，1980.